Detlef Singer

Singvögel

Alle mitteleuropäischen Singvögel

KOSMOS

Mit 214 Farbfotos von Adam (2), Angermayer/Schmidt (2), Angermayer/Wendl (1), Bethge (1), Bracht (1), Brandl (4), Buchner (1), Castell (3), Danegger (4), Delpho (1), Diedrich (8), Eichhorn/Zingel (1), Fendrich (1), Fischer (1), Fünfstück (2), Fürst (3), Fürst/Stahl (3), Gillieron (1), Groß (2), Grüner (2). Hecker (3), Hlasek (1), Höfer (8), Hopf (1), Hortig (3), Humperdinck (1), Hüttenmoser (1), Juniors/Rüttinghaus (1), Juniors/Thielscher (1), Kalotas (1), Klees (9), Layer (4), Leo (2), Limbrunner (20), Moosrainer (8), Partsch (2), Pott (1), Pröhl (1), Quedens (1), Reinhard (1), Rohdich (2), Schmidt (6), Siegel (1), Silvestris (1), Silvestris/Arndt (1), Silvestris/Gerlach (1), Silvestris/Groß (1), Silvestris/Lane (1), Silvestris/Willner (1), Thielscher (4), Vogt (2), Walz (2), Weber (1), Wendl (10), Werle (1), Wernicke (1), Wisniewski (1), Wothe (16), Zeininger (44) sowie 2 Farbzeichnungen und 46 Schwarzweißzeichnungen von Steffen Walentowitz.

Umschlaggestaltung von eStudio Calamar unter Verwendung einer Aufnahme von Peter Zeininger. Das Bild zeigt einen Schlagschwirl.
Die Bilder auf der Buchrückseite zeigen (von oben nach unten) ein Rotkehlchen (Aufnahme Zeininger), einen Stieglitz (Wendl) und einen Feldsperling (Diedrich).

Das Bild auf den Seiten 2/3 zeigt einen Ortolan, das Bild auf S. 19 eine Goldammer.

Gestaltung der Verpackung von eStudio Calamar unter Verwendung einer Aufnahme von Peter Zeininger. Das Bild zeigt einen Sumpfrohrsänger.
Die Bilder auf der Rückseite zeigen (von oben nach unten) eine Goldammer (Aufnahme Wendl), einen Gimpel (Wendl) und eine Blaumeise (Thielscher).

Bibliografische Information der Deutschen Bibliothek

Die Deutsche Bibliothek verzeichnet diese Publikation in der Deutschen Nationalbibliografie; detaillierte bibliografische Daten sind im Internet über http://dnb.ddb.de abrufbar.

Gedruckt auf chlorfrei gebleichtem Papier

Lektorat: Rainer Gerstle
Produktion: Lilo Pabel, Johannes Geyer
Gestaltungskonzept: eStudio Calamar
Printed in Italy / Imprimé en Italie

Singvögel

1, 2, 3 ...

Die Vogelarten in diesem Buch sind durchnummeriert. Die Nummern entsprechen der Reihenfolge der Vogelstimmen auf der CD. So kann beim Lesen des Textes schnell die betreffende Stimme angewählt werden.

Vogeltopographie

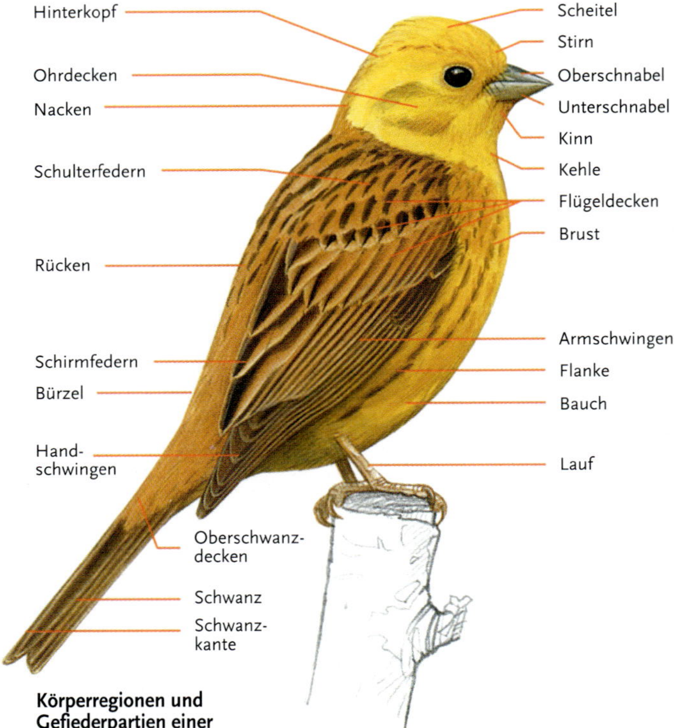

Körperregionen und Gefiederpartien einer Goldammer

Kopfzeichnung eines Sommergoldhähnchens

Zu diesem Buch

Der vorliegende Naturführer behandelt alle wichtigen Singvögel, die als Brut- oder Gastvögel regelmäßig in Mitteleuropa auftreten – in einem Gebiet also, das außer Deutschland die Beneluxländer, die Schweiz, Österreich, Ungarn, Tschechien, die Slowakei und Polen umfasst.

Die Reihenfolge, in der die einzelnen Arten beschrieben und abgebildet sind, richtet sich weitgehend nach der jetzt gültigen systematischen Ordnung. Die Systematik befasst sich mit der Vielfalt der Tiere und Pflanzen und der Darstellung ihrer verwandtschaftlichen Beziehungen untereinander. Was die Vögel (und andere Tiergruppen) anbelangt, findet man die Systematik in den verschiedenen Vogelbüchern nicht exakt in der gleichen Reihenfolge vor, denn die Verwandtschaftsverhältnisse mancher Vogelgruppen werden vielfach kontrovers beurteilt. Seit einiger Zeit bedienen sich die Systematiker zusätzlicher Methoden, die auf molekularer Ebene arbeiten; deren Ergebnisse legen teilweise umfassende Änderungen der alten Systematik nahe, die nicht nur die Anordnung von Arten, sondern auch die der höheren Taxa (Gruppen) betreffen können. So wird der Zaunkönig, der bisher in einer eigenen Familie (Zaunkönige) untergebracht war, neuerdings in die Familie Baumläuferverwandte gestellt; und die Stelzen, die vorher ebenfalls eine eigene Familie bildeten, finden sich nun in der Familie Sperlingsverwandte wieder. Die neue Zusammenstellung kommt den realen Verwandtschaftsverhältnissen näher als die alte Systematik, auch wenn die genaue Stellung aller Arten und Gruppen noch nicht endgültig festgelegt wurde. So lange ist es vor allem für ein Vogelbuch, das nicht vorrangig für den fortgeschrittenen Vogelbeobachter gedacht ist, sinnvoll, der alten und durchaus bewährten Anordnung zu folgen.

Die Farbfotos im Naturführer sind bis auf wenige Ausnahmen in freier Natur entstanden und zeigen den Vogel in seiner arttypischen Umgebung. In der Regel ist das Männchen im Prachtkleid abgebildet, handelt es sich um das Weibchen- oder ein anderes Kleid, so wird dies im Text angegeben.

Zusätzliche kleine Farbfotos ergänzen dort die großen Bilder, wo unterschiedliche Kleider (Weibchen-, Schlicht-, Jugendkleid) oder typische Haltungen im Flug und beim Gesangsvortrag das Bestimmen eines unbekannten Singvogels erleichtern.

Zeichen und Abkürzungen

Status: Die Jahreszeit, in der man die einzelnen Arten in Mitteleuropa antreffen kann:

J Jahresvogel: Vogelart, deren Angehörige kein Zugverhalten zeigen und daher das ganze Jahr über im Brutgebiet anzutreffen sind. Während einige Jahresvögel das ganze Jahr innerhalb der engen Grenzen ihres Reviers verbringen (z.B. Kleiber), streifen andere (z.B. viele Meisen) in der weiteren Umgebung umher.

S Sommervogel: Vogelart, die Zugverhalten zeigt und meist nur in den Frühjahrs- und Sommermonaten anzutreffen ist.

Ü Übersommerer: Vogelart, die im Sommerhalbjahr beobachtet werden kann, aber nicht im behandelten Gebiet brütet.

W Wintergast: Brütet nicht in Mitteleuropa.

(W) Seltener Wintergast

D Durchzügler: Diese Vogelart ist vorwiegend oder ausschließlich zu den Zugzeiten anzutreffen.

(D) Seltener Durchzügler

T Teilzieher: Ein Teil der Individuen dieser Vogelart zieht im Herbst in ein Winterquartier ab, während der andere Teil im Brut-

	gebiet überwintert. Angehörige dieser Arten kann man das ganze Jahr über in Mitteleuropa antreffen, im Winter jedoch oft nur in sehr geringer Zahl (durch „(W)“ gekennzeichnet).
I-XII	Die römischen Ziffern beziehen sich auf die Monate, in denen die Vogelart in Mitteleuropa angetroffen werden kann.
♂	Männchen
♀	Weibchen
ad.	adult (erwachsen)
juv.	juvenil (jung)
>	größer als
<	kleiner als
~	ungefähr so groß wie
bei uns:	bezieht sich auf die Verhältnisse in Deutschland
o	Brütet nicht in Deutschland

Die Textseiten

Die Artentexte enthalten alle wichtigen Angaben zum Bestimmen und Kennenlernen der verschiedenen Singvogelarten in übersichtlicher und leicht verständlicher Form.
Das Stichwort **Typisch** informiert über Kennzeichen oder Verhaltensweisen, die im Freiland besonders schnell auffallen und die betreffende Vogelart am besten charakterisieren.
Unter **Merkmale** sind in Ergänzung zu den Farbfotos die wichtigsten Kennzeichen behandelt, die Männchen, Weibchen und Junge jeder Singvogelart auszeichnen; gegebenenfalls wird auf das je nach Alter, Jahreszeit, Geschlecht und Farbvariante unterschiedliche Gefieder hingewiesen.
Die wichtigsten Lautäußerungen der Vogelart, also die Gesänge und Rufe und wie sie je nach Geschlecht und Jahreszeit abändern, sind unter dem Stichwort **Stimme** zu finden.
Unter **Vorkommen** sind die typischen Lebensräumen angegeben, in denen die Vogelart zur Brutzeit und in der übrigen Zeit des Jahres anzutreffen ist.
Unter **Verhalten** findet man die im Freiland beobachtbaren und für die Artbestimmung relevante Verhaltensweisen beschrieben; das Stichwort kann auch fehlen; Angaben zum Verhalten können sich auch in anderen Stichwörtern verbergen.
Das Stichwort **Nahrung** informiert über die arttypische Nahrung des Vogels – gegebenenfalls nach Jahreszeiten differenziert.
Der Begriff **Brut** geht auf Wissenswertes über Brutzeit, Brutlebensraum, Nest und Nestbau, Gelege und Jungvögel sowie Anzahl der Jahresbruten ein; bei Arten, die nicht in Mitteleuropa brüten, können diese Angaben auch fehlen.

Die Infoleiste

In der farbig unterlegten Infoleiste jeweils am Ende der Artbeschreibungen finden Sie auf einen Blick die ungefähre Größe des Singvogels (im Vergleich mit einer bekannten Art), den Status (Jahresvogel, Wintergast, Teilzieher usw.), den Zeitraum des Aufenthaltes in Mitteleuropa (Monatsangaben in römischen Ziffern) sowie ein Symbol zu den Arten, die regelmäßig in Deutschland brüten. Bei den Größenangaben wurde bewußt auf genaue Maße in Zentimetern verzichtet, da man sich z. B. unter 14 cm Vogel – von der Schnabelspitze bis zum Schwanzende gemessen – meistens nicht allzu viel vorstellen kann. Um sich die Größe eines Vogels vorstellen zu können, kommt es vor allem auf die Gestalt an; gleich groß in cm (14) sind beispielsweise Schwanzmeise und Kleiber; der kräftige, gedrungene Kleiber bringt jedoch fast das Dreifache der langschwänzigen und sehr grazilen Schwanzmeise auf die Waage. Statt der cm-Angaben ist zu jeder der beschriebenen Singvogelarten das Größenverhältnis zu einer bekannten Art angegeben; Sie können also den unbekannten Singvogel mit dieser „Bezugsart“ vergleichen und erleichtern sich so die Größenabschätzung. Die Größen der Bezugsarten werden als bekannt vorausgesetzt, so stehen bei diesen Arten keine Maße; am entsprechenden Platz in der Infoleiste steht stattdessen „Bezugsart". Hier die ungefähren Maße der Bezugsarten (siehe auch Vor- und Nachsatz):

Haussperling	15 cm/30 g
Amsel	25 cm/90 g
Rabenkrähe	47 cm/500 g

Häufig ist es nicht einfach, die Größe eines gesehenen Vogels abzuschätzen, denn der subjektive Eindruck täuscht oft stark. Zum einen hängt er von der Entfernung ab, in der sich der Vogel zum Beobachter aufhält, zum anderen beeinflußt die Umgebung des Vogels unsere Fähigkeit zur Größenabschätzung: Ein Kolkrabe, der in einer hohen Felswand sitzt, wirkt klein, eine Amsel in einem kahlen Baum im Winter dagegen groß. Besonders in der Dämmerung und bei Nebel erscheinen uns die Vögel oft bedeutend größer, als sie in Wirklichkeit sind. Auch beim Beobachten durch ein Fernrohr erscheint ein Vogel in der Nähe kleiner als ein gleich großer, der sich weiter hinten befindet.

Wie bestimmt man Vögel?

Die Artbestimmung freilebender Singvögel ist häufig dadurch erschwert, dass man nicht nah genug an sein Beobachtungsobjekt heran kommt; oder der Vogel ist ständig in Bewegung und von der Vegetation verdeckt. Hat man sich endlich nah genug herangepirscht, fliegt er weg und läßt den Betrachter oft ratlos zurück. In der kurzen Zeit, in der man den Vogel sieht, muss man sich möglichst viele Details über Aussehen und Verhalten des Vogels einprägen. Nicht selten bekommt man einen Vogel in einem Gefiederkleid zu sehen, das man noch nicht kennt oder nicht im Bestimmungsbuch findet; manche Vögel sehen nämlich je nach Geschlecht und Jahreszeit ganz verschieden aus, und auch gute Bestimmungsbücher können für jede Art nur die wichtigsten Kleider darstellen. Selbst ein so bekannter Vogel wie das Rotkehlchen kann den Anfänger verwirren, wenn es sich nur von hinten zeigt und daher die typische Rotfärbung von Kehle und Brust nicht zu sehen ist. Im Jugendkleid fehlt dem Rotkehlchen sogar jegliches Rot im Gefieder.
Je mehr Vogelarten man bereits kennt, desto einfacher ist es, einen unbekannten Singvogel richtig zu bestimmen. Es ist also sinnvoll, bereits daheim im Bestimmungsbuch zu blättern und sich vor allem die oben aufgeführten Bezugsarten genau einzuprägen. Dabei achte man besonders auf

- Größe und Gestalt des Vogels (im Flug: Flügelform und -länge)
- Größe und Form des Schnabels
- Länge und Form des Schwanzes
- Länge der Beine
- Auffällige Gefiederkontraste und -färbungen, z. B. Augenstreifen oder Flügelbinden
- Besondere Bewegungen und Verhaltensweisen (im Flug: Flügelschlagfrequenz, Flugbahn)
- Lautäußerungen
- Lebensraum
- Jahreszeit der Beobachtung

Die Gewichtung der einzelnen „Feldkennzeichen" kann sehr verschieden sein: So erkennt man den Zilpzalp vorwiegend an seinem Reviergesang, den Stieglitz an seiner Farbenpracht oder die Schwanzmeise an ihrer Gestalt (kleiner Vogel mit sehr langem Schwanz). Sind diese typischen Merkmale jedoch nicht wahrzunehmen, so können andere Kennzeichen an Bedeutung gewinnen und zum Ziel der richtigen Diagnose führen. Häufig hilft nur eine Kombination aus mehreren Merkmalen weiter. Doch selbst Menschen mit jahrelanger Erfahrung und gediegenen Kenntnissen in der Feldbestimmung, die vielfach auch als „birder" bezeichnet werden, haben nicht immer sofort eine Antwort parat, wenn ihnen ein unbekannter Vogel begegnet und gelegentlich bleibt auch nach intensiver Bestimmungsarbeit mit Fachliteratur ein dickes Fragezeichen beim Einordnen der Beobachtung bestehen.

Vögel beobachten – aber rücksichtsvoll

Zur Vogelbeobachtung in freier Natur gehört neben einem Fernglas, gedeckter Kleidung und der Vermeidung von Geräuschen auch das verantwortungsvolle Verhalten des Beobachters.

Hierzu einige Tips:
- Halten Sie sich in Schutzgebieten streng an die Vorschriften und Hinweise, denn in diesen Refugien rangieren die Interessen der Natur vor denen des Menschen.
- Betreten Sie bei Ihren vogelkundlichen Studien keine Privatgrundstücke, die als solche gekennzeichnet sind, bzw. holen Sie sich vorher die Erlaubnis des Besitzers ein.
- Bleiben Sie möglichst auf den Wegen, und stören Sie wildlebende Tiere nicht durch Querfeldein-Streifzüge. Dies gilt auch für die Wintermonate, in denen die Tiere ihre Kraftreserven schonen müssen – häufige Fluchten führen zu unnötiger Erschöpfung.
- Schützen Sie unbedingt die natürlichen Lebensräume, denn sie sind entscheidende Voraussetzung für das Überleben unserer Singvögel und anderer Wildtiere.
- Stören Sie die Vögel niemals am Nest, denn Sie gefährden sonst den Bruterfolg und tragen dadurch zur Verarmung unserer Vogelwelt bei.
- Lassen Sie bei der Vogelfotografie besondere Rücksicht walten. Das Wohlergehen des Vogels sollte Ihnen stets wichtiger sein als ein gelungenes Foto.
- Zerstören Sie nicht mutwillig oder unbedacht den Pflanzenwuchs, um Vögel besser beobachten zu können.
- Treten Sie einer Natur- oder Vogelschutzvereinigung bei und versuchen Sie auch, möglichst viele Menschen ihrer Umgebung für den Schutz unserer Vögel zu begeistern.

Vogelbestimmung mit Hilfe der Vogelstimmen

Vögel verständigen sich hauptsächlich mit Hilfe von Lautäußerungen; besonders die Singvögel haben zur inner- und zwischenartlichen Kommunikation ein sehr reichhaltiges Stimmenrepertoire entwickelt. Da die Lautäußerungen meist artspezifisch sind, also jeweils nur von den Mitgliedern einer Art geäußert werden, eignen sie sich sehr gut als Bestimmungshilfen. Ohne die Kenntnis ihrer Stimmen würden wir von der Anwesenheit vieler Vögel gar nichts merken, denn sie halten sich häufig in Gebüsch oder dichten Baumkronen auf, wo wir sie nur mit den Augen kaum entdecken können.

Es gibt nahverwandte Arten, die einander so ähnlich sind, dass man sie nach äußeren Merkmalen im Feld kaum voneinander unterscheiden kann. Glücklicherweise sind die Stimmen dieser „Zwillingsarten“ meist deutlich verschieden, so dass wir sie anhand ihrer Rufe und Gesänge oft eindeutig der einen oder der anderen Art zuordnen können. Will man feststellen, wie viele verschiedene Vogelarten in einem bestimmten Waldgebiet leben, gelingt dies meist nur mit Hilfe der Kenntnis ihrer Stimmen, denn mit rein optischen Methoden würde man nur einen Bruchteil der anwesenden Arten erfassen können. Diese „Vogelkartierungen“ führt man meist sogar vorwiegend mit dem Gehör durch.

Die genaue Kenntnis der Stimmen macht es dem Vogelkundigen nicht nur möglich, die Zusammensetzung der Vogelarten eines Gebietes anzugeben, sondern erlaubt auch Schätzungen zur

Bestandsdichte der einzelnen Arten und zur Situation, in der sich ein Vogel gerade befindet: Heftiges Gezeter verrät beispielsweise die Anwesenheit einer Katze oder eines Wiesels (Bodenfeind), ein hohes, gedehntes „zieh“ bedeutet, dass die Gefahr diesmal aus der Luft droht (z.B. ein Sperber), lang anhaltender Gesang läßt auf einen unverpaarten „Junggesellen“ schließen, und Bettelrufe von Jungvögeln zeugen von einer erfolgreichen Brut.

Vogelstimmen erlernen

In den meisten Fällen ist es recht schwierig, einem anderen eine Vogelstimme, die er nicht kennt, so zu erklären, dass er sich die unbekannte Lautäußerung vorstellen kann. Leider gibt es bisher noch keine Methode, die oft komplizierten Rufe und Gesänge der Vögel eindeutig, leicht verständlich und dazu noch wissenschaftlich exakt darzustellen. Ein weiteres Problem ist die große Vielfalt der Vogelstimmen, die am Anfang Verwirrung stiftet und die man nur durch ständiges Üben in den Griff bekommt. Jedoch ist die Kenntnis vieler Vogelstimmen für jeden Vogelbeobachter mit etwas Ausdauer erlernbar. Zunächst sollte man sich die Stimmen der überall häufigen Vogelarten vornehmen und am besten im zeitigen Frühjahr damit beginnen, denn dann sind die vielen Zugvögel noch nicht zurückgekehrt, die mit ihren unterschiedlichen Gesängen den Anfänger verwirren können. Außerdem lassen sich die Sänger vor dem Laubaustrieb besser orten.
Wenn man bereits einige Rufe und Gesänge der wichtigsten Vogelarten „gespeichert“ hat, ist es ratsam, eine unbekannte Vogelstimme mit der einer bekannten Art zu vergleichen; außerdem sollte man versuchen, den Klangeindruck durch Worte wiederzugeben, z.B. monoton, melancholisch, flötend, orgelnd, kratzend usw. Weiterhin ist es wichtig festzustellen, ob die Lautäußerung eintönig oder abwechslungsreich ist, ob sie kontinuierlich abläuft oder in erkennbare Abschnitte unterteilt ist, und ob Teile daraus wiederholt werden oder ob die Lautäußerung aus der ständigen Wiederholung einer kurzen Einheit besteht.
Wichtig ist, den singenden Vogel zu Gesicht zu bekommen, denn dem Menschen als Augenwesen prägt sich der kombinierte optische und akustische Eindruck naturgemäß besonders gut ein. Das Angebot von vogelkundlichen Wanderungen, die Vogelschutz- und andere Naturschutzverbände besonders im Frühjahr anbieten, sollte man annehmen, denn dort trifft man nicht nur Gleichgesinnte, sondern bekommt unbekannte Sänger gezeigt und nützliche Erklärungen geboten. Doch die eigenen Entdeckungen und Studien kann das alleinige Zuhören von Experten nicht ersetzen; wichtig ist, das Gehörte zu vertiefen und weitere Details über die Lebensweise der vorgestellten Arten kennen zu lernen. Darüber hinaus sollte man gehörte Vogelstimmen mit den Aufnahmen von Tonträgern wie Toncassetten und CDs vergleichen. Ein „Discman“, den man in die Natur mitnimmt, kann wertvolle Dienste leisten, denn mit diesem Gerät lassen sich die Stimmen der gewünschten Arten bequem und schnell anwählen und mit der unbekannten Vogelstimme vergleichen. Am besten verwendet man die beiliegende CD, auf der die Stimmen aller im Hauptteil des Buches beschriebenen Vogelarten zu hören sind. Die Reihenfolge der Arten auf der CD entspricht exakt der Anordnung im Naturführer; dort ist rechts neben dem Artnamen des Vogels die entsprechende Nummer auf der CD angegeben. So lassen sich Aussehen und Stimme jeder Art gleichzeitig studieren und mit dem beobachteten Vogel vergleichen.

Gesang oder Ruf?

Entsprechend ihrer Funktion unterteilt man die Lautäußerungen der Vögel in Rufe und Gesänge. Rufe sind in der Regel kurze Laute, die nicht gelernt werden müssen, sondern zum angeborenen „Stimminventar“ gehören. Meist hört man die Rufe das ganze Jahr über, es gibt aber auch Rufe, die nur zu bestimmten Jahreszeiten auftreten, wie der Regenruf des Buchfinken (Brutzeit) oder das „zihdit“ der Heckenbraunelle

im Herbst. Je nach Funktion lassen sich Lockrufe, Stimmfühlungsrufe, Warnrufe, Drohrufe oder auch Bettelrufe unterscheiden.
Im Gegensatz zu den Rufen, die man in der Regel das ganze Jahr über hört, ist der Gesang auf bestimmte Jahreszeiten beschränkt. Die Männchen der meisten Singvögel singen im Frühjahr, bei einigen Arten gibt es auch einen ausgeprägten Herbstgesang (siehe unten). Die Gesangsaktivität wird von den Keimdrüsen gesteuert; sie kann aber im Experiment durch die Gabe von männlichen Hormonen – auch bei Weibchen – ausgelöst werden. Der Gesang ist in der Regel komplizierter aufgebaut als die Rufe; er setzt sich aus Untereinheiten (Elementen bzw. Silben) zusammen, die größere Einheiten (Strophen) aufbauen oder ohne strophige Gliederung kontinuierlich „dahinplätschern". Die meisten Gesänge unserer Singvögel sind in Strophen unterteilt; es gibt Vogelarten mit nur einem Strophentyp, der ständig wiederholt wird, andere wie der Buchfink wechseln jeweils nach einer mehr oder weniger großen Anzahl von Strophen zu einem anderen Strophentyp, den sie wiederum eine Zeit lang vortragen; einige Meistersänger beherrschen sehr viele verschiedene Strophen, beispielsweise die Nachtigall mit über 200; die Heidelerche kommt auf „nur" etwa 100 Strophen, die allerdings in einer festgelegten Reihenfolge vorgetragen werden.
Die Funktion des Gesangs ist vor allem die akustische Abgrenzung und Verteidigung des Brutreviers; umherstreifende Männchen sollen durch den Gesang davon abgehalten werden, sich in dem besetzten „Grundstück" niederzulassen. Ist der Revierinhaber noch ledig, so dient sein Gesang auch dem Anlocken eines Weibchens. Bei Trauerschnäppern beispielsweise konzentriert sich die Gesangsaktivität vor allem auf die Weibchen; nach erfolgreicher Verpaarung stellt das Männchen seinen Gesang ein. Da die Männchen vieler Vogelarten auch nach der Verpaarung noch weitersingen, liegt es nahe, daß der Gesang auch eine Rolle bei der Synchronisation des Paares während der Balz spielt. Eine weitere Funktion des Gesangs, die des Paarzusammenhalts, wurde nur bei wenigen Singvögeln gefunden: Bei den Tannenmeisen singen Männchen und Weibchen das ganze Jahr über, um stets den Paarzusammenhalt zu gewährleisten.

Singen nur die Männchen?

Wenn man einen weittragenden Gesang hört, stammt er in der Regel von einem Männchen. Die Gesangsaktivität der Vögel wird von den Keimdrüsen gesteuert; sie kann im Experiment durch die Gabe von männlichen Hormonen ausgelöst werden, auch bei Weibchen. Im Frühjahr und teilweise Sommer singen die Vögel im Zusammenhang mit der Revierbehauptung. Frühjahrsgesang hat zwei Ziele: Revierverteidigung gegenüber fremden Vögeln des gleichen Geschlechts und Darstellung der eigenen Qualität gegenüber Vögeln des anderen Geschlechts, um dadurch zu einem Partner für die Brut und Jungenaufzucht zu kommen. Bei den meisten unserer Vögel versuchen die Männchen, ein Revier zu behaupten und einen Partner für sich zu gewinnen. Folglich sind es auch die Männchen, die den Frühjahrsgesang vortragen. Wenn man draußen in der Natur singende Vögel beobachtet, beispielsweise Buchfinken oder Amseln, sieht man meist, dass diese das Männchenkleid tragen. Die wenigen Male, bei denen man einen Vogel im Weibchenkleid singen sieht, handelt es sich meist um junge Männchen, die sich im Gefieder kaum von Weibchen unterscheiden, beispielsweise beim Zwergschnäpper.
Bei einigen Singvogelarten wie dem Rotkehlchen äußern auch die Weibchen einen Vollgesang, wenn auch weniger häufig als ihre männlichen Artgenossen. Beim Gimpel singen die Weibchen nur verhalten; allerdings klingt selbst der Frühjahrsgesang der Männchen schon recht gedämpft und erinnert eher an Subsong (siehe unten).
Während der Brutzeit und der Mauser singen manche Weibchen leise vor sich hin, beispielsweise beim Zaunkönig. Die Funktion dieser unauffälligen Gesangsform ist nicht immer klar, möglicherweise enthält dieser Weibchengesang ähnlich einem entsprechenden

Lockruf Informationen für die Jungen. Eine Form des weiblichen Gesangs dient dem Paarzusammenhalt, sie wurde nur bei wenigen Singvögeln gefunden, z. B. bei der oben erwähnten Tannenmeise.

Subsong und Jugendgesang

Revierbehauptung findet bei einigen Singvogelarten nicht nur im Frühjahr statt, sondern auch zu anderen Jahreszeiten. So verteidigen beispielsweise Rotkehlchen während des Herbstzuges und vor allem im Winterquartier Territorien, die im Zusammenhang mit der Sicherung von Nahrung stehen. Männchen und Weibchen verhalten sich hierbei in gleicher Weise territorial und bringen einfache und ziemlich leise Herbstgesänge (oder Subsongs) hervor, die der Reviermarkierung dienen. Im Gegensatz zum Vollgesang im Frühjahr ist dieser Subsong leiser, kontinuierlicher, variabler und enthält oft Imitationen anderer Vogelstimmen. Viele Jungvögel tragen nach dem Flüggewerden leise, kontinuierliche Gesänge vor, die bei weitem noch nicht den arttypischen Gesangsdarbietungen entsprechen, sondern aus wenig differenzierten, oft geräuschhaften Lauten bestehen. Manche Singvögel, etwa Laubsänger, tragen im Spätsommer und Frühherbst nach der Phase des Jugendgesangs eine Art Subsong vor

Dialekte

Ähnlich anderen Merkmalen variieren auch die Lautäußerungen vieler Vogelarten je nach Herkunft des Sängers. So weisen die Gesänge einiger Singvögel oft deutliche geographische Unterschiede auf, die mit den menschlichen Dialekten vergleichbar sind Bereits innerhalb Deutschlands singen Vögel, die der gleichen Art angehören, in den verschiedenen Landesteilen unterschiedlich. Manche dieser Unterschiede sind recht leicht erkennbar, andere sind feiner und lassen sich nur mit einem Gerät zum Aufzeichnen von Schallereignissen (Sonagraph, siehe unten) nachweisen. Dialekte können innerhalb einer sonst recht einheitlichen Population vorkommen oder sind so weit ausgeprägt, dass sie als Argument für die Aufteilung von Unterarten verwendet werden.
Eine Vogelart, deren Gesangsdialekte sich großflächig in Europa nachweisen lassen, ist die Goldammer. Es gibt aber auch Dialektformen, die die Rufe betreffen, beispielsweise die spezielle Ausprägung des Regenrufs beim Buchfinken.

Vogelstimmen zu Papier gebracht

Unsere Fähigkeit, eine gehörte Vogelstimme jemand anderem mitzuteilen, endet meist bei den sehr einfach zu beschreibenden Lautäußerungen, beispielsweise dem Gesang des Zilpzalps oder dem „pink"-Ruf eines Buchfinken. Schon bei einfacheren Singvogelgesängen versagen wir oft kläglich, wenn wir versuchen, den Klangeindruck wiederzugeben. Früher versuchte man dieses Problem zu lösen, indem man die Vogelgesänge mit Hilfe der Notenschrift und den entsprechenden Zeilen aus der Musik niederschrieb. Das führte natürlich dazu, daß die Stimmen der verschiedenen Vogelarten aufgrund des subjektiven Klangeindruckes jeweils anders beschrieben wurden.
Auch heute findet man in den meisten Vogelbestimmungsbüchern – auch im vorliegenden – die Umsetzung der Vogellaute in unsere Schrift, beispielsweise „zizi-bä" für den Gesang der Kohlmeise. Da diese Methode jedoch noch keinen Klangeindruck vermitteln kann, sind zusätzliche Umschreibungen wie flötend, orgelnd, klappernd oder ähnlich durchaus sinnvoll. Die Wiedergabe von Vogellauten in Worten kann jedoch keine so exakten Ergebnisse liefern, wie sie die Wissenschaft der Tierstimmenforschung (Bioakustik) fordert. Dies wurde erst mit der Einführung des Magnettonbandes und des Klangspektrographen (Sonagraphen) möglich. Der Sonagraph zeichnet mit rein physikalischen Mitteln Schallereignisse auf Papier auf und macht sie dadurch nicht nur unvergänglich, sondern auch objektivierbar. Die Aufzeichnung – auf einem speziell beschichtetem Pa-

pier – wird als Sonagramm bezeichnet und wie unsere Schrift von links nach rechts gelesen. Auf einem Standardsonagramm sind die Schallereignisse von genau 2,5 Sekunden aufgezeichnet; heute verwendet man jedoch meist Geräte, die „Endlossonagramme« liefern. Senkrecht zur horizontal verlaufenden Zeitachse ist die Tonhöhe als Frequenz aufgezeichnet; der Sonagraph analysiert also die Schallereignisse nach ihrer Tonhöhe; tiefe Töne mit niedrigen Frequenzen sind unten nahe der Basis aufgezeichnet, höhere Töne entsprechend höher. Auf dem Sonagramm sieht man exakt den Verlauf der Tonhöhe und die Zahl der Einzellaute pro Zeiteinheit. Im Gegensatz zur Notendarstellung sind auch die Unter- und Obertöne dargestellt. Die Intensität des Tones – die Lautstärke – wird durch den Grad der Schwärzung sichtbar gemacht. Mit Hilfe des Sonagraphen ist es heute möglich, detaillierte Untersuchungen zu Fragen der Individualentwicklung von Lautäußerungen, zum akustischen Lernverhalten und zur Ausbildung von Dialekten anzustellen.

Bau und Funktion des Stimmorgans

Während bei den anderen Wirbeltieren und natürlich auch bei uns Menschen die Laute im Kehlkopf entstehen, haben die Vögel ein spezielles Stimmorgan im Brustraum entwickelt, die Syrinx. An der Stelle, an der sich die Luftröhre in die beiden Stammbronchien gabelt, sind zwischen den Knorpelringen zwei membranartige Häutchen aufgespannt, die durch den Strom der Atemluft in Schwingung gebracht werden. Bei den einzelnen Vogelgruppen ist die Ausprägung dieser schwingenden Häutchen (äußere und innere Syrinxmembran) verschieden. Offensichtlich können sie bei den Singvögeln unabhängig voneinander schwingen, denn es entstehen manchmal auch verschiedene Töne zur gleichen Zeit, die nicht zueinander harmonisch sind.
Die Syrinxmuskeln, also die Muskeln, die an den Membranen ansetzen, sind ebenfalls bei den einzelnen Vogelgruppen in unterschiedlicher Art und Weise ausgebildet. Die echten Singvögel sind dadurch charakterisiert, dass sie 4–9 Paar dieser Singmuskeln besitzen, während die übrigen Sperlingsvögel nur 3 Paar haben. Diese spezielle Muskulatur hat bei den Singvögeln eine große Bedeutung für die Variationsfähigkeit ihrer Stimmen und damit für deren außergewöhnliche Gesangsleistungen. Tatsächlich hat man herausgefunden, daß die Syrinxmuskeln bei den Gesangsvirtuosen wie Nachtigall, Sprosser, Drosseln und Lerchen wirklich auch am besten ausgebildet sind. Andererseits sind einige „Nichtsingvögel" mit ihrem wesentlich weniger hoch entwickelten Stimmorgan den zu den Singvögeln zählenden Krähen gesanglich deutlich überlegen.

Singvogelschutz

Vor ein paar Jahren wurden in Großbritannien 5000 britische Pfund demjenigen geboten, der eine Erklärung dafür findet, warum die Bestände des Haussperlings in Englands Städten so katastrophal eingebrochen sind. Die Tageszeitung „The Indipendent" hat diese hohe Belohnung ausgesetzt, da der „gemeine Spatz" beispielsweise in London innerhalb weniger Jahre um 60 Prozent abgenommen hat.
Auch in Deutschland und einigen anderen Ländern des europäischen Festlandes ist der Haussperlingsbestand der Dörfer und Städte in den vergangenen 30 Jahren um etwa die Hälfte zurückgegangen. Eine weitere ehemals häufige Singvogelart, die Feldlerche, hat bei uns inzwischen ebenfalls Eingang in die Rote Liste der bedrohten Vogelarten gefunden. Dass man sich jetzt bereits um die Zukunft von Allerweltsvögeln Sorgen machen muß, ist ein alarmierendes Zeichen für den allgemeinen Zustand unserer Umwelt. Es geht also nicht nur um ein paar „Exoten" mit be-

sonderen Ansprüchen wie das Braunkehlchen, sondern um die ganz alltägliche, heimische Vogelwelt. Langjährige Untersuchungen deuten nämlich darauf hin, dass in vielen Teilen Europas großflächig ein bedeutender Schwund der Artenvielfalt und der Individuenzahl eingesetzt hat; das erinnert an das Schreckenszenario, das Rachel Carson bereits 1962 in ihrem Buch „The silent spring" (Der stumme Frühling) beschrieb, um vor den verheerenden Folgen von DDT und anderer Umweltvergiftung zu warnen.

Der gegenwärtige Trend in Mitteleuropa zeigt also, dass eine Vielzahl von Singvogelarten (und anderer Tier- und Pflanzenarten) in der freien Landschaft nicht mehr zurechtkommen und nur noch in Schutzgebieten, in denen menschliche Einwirkungen auf ein Minimum reduziert sind, eine Chance zum Überleben haben.

In diesem Licht gewinnen naturnah gestaltete Gärten, die ja nicht primär wirtschaftlicher Nutzung dienen, als Ausgleich für die zerstörten Naturlandschaften immer mehr an Bedeutung.

Freilich wird man vergebens versuchen, Singvogelarten mit speziellen Ansprüchen wie z. B. Drosselrohrsänger, Zwergschnäpper oder Heidelerche im Hausgarten anzusiedeln, denn diese Arten können nur in weiträumigen Feuchtgebieten bzw. in bestimmten Waldlandschaften überleben. Trotzdem bleiben von den heimischen Singvögeln noch rund 40 Arten, die als Bewohner naturnaher Gärten in Frage kommen!

Ein Garten für Singvögel

Schon bei der Planung eines naturnahen Gartens sollte man die Bedürfnisse der Singvögel so weit wie möglich berücksichtigen. Vor allem die Anlage von Hecken aus heimischen Sträuchern und Bäumen bietet geeignete Brut- und Versteckmöglichkeiten für dickichtschlüpfende Vögel und liefert zusätzlich in den Wintermonaten Nahrung in Form von Beeren; bewährte Gehölzarten sind Vogelbeere, Weiß- und Schwarzdorn, Hundsrose, Schneeball, Hasel, Holunder und Liguster.

Eine Ecke im Garten sollte „man verwildern" lassen – dort könnte man eine kleine Wildnis schaffen, beispielsweise mit hohem Gras, das mit Brennnesseln, Him- und Brombeere durchsetzt ist; hier finden Grasmücken, Laubsänger und der Zaunkönig geeignete und sichere Brutplätze.

Gerade ausgeflogenen Jungen der bodennah brütenden Singvögel bietet ein Reisighaufen sichere Verstecke vor Greifvögeln und Katzen.

Als Nahrungslieferant für unsere Singvögel ist eine blumen- und wildkräuterreiche Wiese überaus wertvoll, denn darin leben eine Unmenge von Insekten und anderen Kleintieren.

Wichtig ist der Verzicht auf chemische Düngung und Pflanzenschutzgifte, denn diese Stoffe schädigen nicht nur unsere Vögel und andere Tiere, sondern vernichten auch deren Nahrungsgrundlage.

Für höhlenbrütende Singvögel läßt sich die allgemeine Wohnungsnot durch das Anbringen von Nistkästen im Garten lindern. Als Standard-Nistkasten dient ein Meisenkasten aus Holz oder Holzbeton (keinesfalls Plastik!) mit einer Fluglochweite von 32 mm und einer Mindest-Grundfläche von 15 × 15 cm. Entweder bastelt man ihn selbst oder man besorgt ihn sich im Fachhandel. Den Kasten hängt man am besten in 2–5 m Höhe katzensicher auf; das Flugloch sollte möglichst nach Südosten weisen und vor Regen und praller Sonne geschützt sein. Im Herbst muss das alte Nistmaterial entfernt werden, damit sich darin keine Parasiten vermehren können.

Eine flache Vogeltränke mit frischem Wasser ist besonders an heißen Tagen sehr beliebt und bietet gute Gelegenheit zum Studium der gefiederten Badegäste. Ein Abstand von mindestens 3 m zu höherem Pflanzenwuchs schützt vor Überraschungsangriffen durch Katzen.

Familienschlüssel

Die Vogelfamilien, von denen mindestens eine Art in Mitteleuropa vorkommt:

Lerchen (Alaudidae): Vorwiegend gestreifte, bräunliche Singvögel, die hauptsächlich auf dem Boden leben; die Geschlechter sind in der Regel gleich; auffallende, zum Teil sehr wohltönende Gesänge. ____________ S. 20

Schwalben (Hirundinidae): Schlanke kleine Singvögel mit langen, spitzen Flügeln, die in der Luft nach Insekten jagen; Schnabel und Füße klein. ____________ S. 23

Pieper und Stelzen (Motacillidae): Vorwiegend bodenlebende Singvögel, die geschickt laufen und rennen (nicht hüpfen). **Stelzen** mit langem bis sehr langem Schwanz und langen Beinen. **Pieper** mit normaler Schwanzlänge, unauffällig braunstreifigem Gefieder und weißen Schwanzkanten; auffällige Singflüge. ____________ S. 26

Stelze

Pieper

Seidenschwänze (Bombycillidae): Sehr gesellige Vögel, die in Gestalt und Flugbild an Stare erinnern; auffällige, aufrichtbare Federhaube. 1 Art, die nur im Winter bei uns anzutreffen ist. ____________ S. 31

Wasseramseln (Cinclidae): Starengroße Singvögel von gedrungener, zaunkönigsartiger Gestalt. Brüten an fließenden Gewässern und suchen ihre Nahrung vorwiegend tauchend; knicksen häufig. In Europa nur 1 Art. ____________ S. 32

Zaunkönige (Troglodytidae): Kleine, bräunliche, Insekten fressende Singvögel mit oft steil aufgerichtetem, fein quer gebändertem Schwanz; auffallende Rufe und Gesänge. In Europa nur 1 Art. __ S. 33

Zaunkönig

Braunellen (Prunellidae): Unauffällige Singvögel, die stark an Sperlinge erinnern, aber mit schlankem und spitzem Schnabel. In Europa 2 Arten, davon eine nur im Hochgebirge. ____________ S. 34

Braunelle

Drosseln (Turdidae): Kleine bis mittelgroße Singvögel mit relativ langen Beinen und schlanken Insektenfresserschnäbeln; oft auffallend wohltönende Stimmen; Nahrungssuche meist am Boden. Man unterscheidet: **Erdsänger** wie Rotkehlchen und Nachtigall (S. 36), **Rotschwänze** (S. 40), **Wiesenschmätzer** (S. 42), **Steinschmätzer** (S. 44), **Steinmerlen** (S. 45) **Drosseln** ____________ (S. 46).

Rotschwanz

Drossel

Steinschmätzer

Schnäpper (Muscicapidae): Kleine, nah mit Drosseln verwandte Singvögel, die meist aufrecht auf einer Warte stehen und von dort aus Jagd auf vorbei fliegende Insekten machen. Der Grauschnäpper brütet oft auch an Gebäuden. In Europa 4 Arten. ______ S. 52

Grauschnäpper

Zweigsänger (Sylviidae): Kleine, meist unscheinbar gefärbte, Insekten fressende Singvögel mit schlanken Schnäbeln. Man unterscheidet: **Rohrsänger** (auch Schwirle, Seidensänger, Spötter; S. 56), **Grasmücken** (S. 63), **Laubsänger** ______ (S. 68).

Laubsänger

Rohrsänger

Grasmücke

Goldhähnchen (Regulidae): Sehr kleine, zarte Insektenfresser mit auffallender Scheitelzeichnung; leben vorwiegend in Nadelbäumen. In Europa 2 Arten. ______ S. 72

Timalien (Timaliidae): Schilfbestände oder dichtes Gebüsch bewohnende Singvögel mit langen, abgerundeten Schwänzen; bauen napfförmige Nester. Typisch sind die nasalen Rufe. In Europa nur 1 Art. ______ S. 74

Bartmeise

Schwanzmeisen (Aegithalidae): Kleine, Insekten fressende Singvögel mit sehr langem Schwanz und auffallend kurzem Schnabel; turnen geschickt an dünnen Zweigen. Oft in Trupps. In Europa 1 Art. ______ S. 75

Meisen (Paridae); Kleine, rundliche Singvögel mit kurzem Schnabel, die geschickt im Gezweig umherturnen; brüten in Höhlen. Im Winter vielfach in gemischten Trupps. ______ S. 76

Beutelmeisen (Remizidae): Kleine, mit Meisen nah verwandte Singvögel mit spitzem Schnabel. In Europa 1 Art, an ihrer schwarzen Augenmaske leicht zu erkennen; baut sehr kunstvoll Nester. ______ S. 82

Kleiber (Sittidae): Kleine, gedrungene Singvögel mit starkem, spechtartigem Schnabel und kurzem Schwanz; mit den kräftigen Füßen klettern sie geschickt auf- und abwärts an Baumstämmen. In Europa 4 Arten. ______ S. 83

Mauerläufer (Tichodromadidae): Sperlingsgroße Singvögel mit langem, dünnem, abwärts gebogenem Schnabel: rundliche Flügel mit auffallender roter Zeichnung und weißen Flecken. Weltweit nur 1 Art, die im Hochgebirge lebt. ______ S. 327

Baumläufer (Certhiidae): Kleine Singvögel mit schlankem, gebogenem Schnabel und baumrindenfarbenem Gefieder; klettern an Baumstämmen hoch. In Europa 2 Arten, die sich sehr ähnlich sehen. ______ S. 84

Pirole (Oriolidae): Drosselgroße Singvögel, deren Männchen bei den meisten Arten auffällig gelb gefärbt sind. Pirole leben hauptsächlich in Afrika und Südasien; in Europa nur 1 Art. ______ S. 86

Würger (Laniide): Größere Singvögel mit auffälligem Gefieder und hakenförmig gebogener Schnabelspitze; Verhalten greifvogelähnlich; Wartenjäger. Würger spießen bei Nahrungsüberschuss häufig Beutetiere auf Dornen auf. ______ S. 332

Krähenvögel (Corvidae): Weitaus die größten Singvögel, kräftiger Schnabel; Gefieder meist schwarz; Stimme meist rau, kein lauter Gesang, jedoch oft gut entwickeltes Nachahmungsvermögen. ______ S. S. 90

Elster

Krähe

Stare (Sturnidae): Knapp drosselgroße Vögel mit langem, spitzem Schnabel und kurzem Schwanz; suchen in wackelndem Gang (nicht hüpfend) auf dem Boden Nahrung; sehr gesellig. ______ S. 98

Sperlinge (Passeridae): Meist schlicht gefärbte, kräftige Singvögel mit finkenartigem Kegelschnabel; vielfach sehr gesellig. In Mitteleuropa 3 Arten, davon eine (Schneesperling) nur im Hochgebirge. ______ S. 345

Finkenvögel (Fringillidae): Typische Körnerfresser mit kleinem, spitzem bis großem, klobigem Schnabel; Gefieder häufig mit auffallenden Farben, Weibchen meist schlichter gefärbt; viele verschiedene Arten. ______ S. 102

Buchfink

Kernbeißer

Ammern (Emberizidae): Finkenähnliche, ziemlich lang gestreckte Singvögel mit relativ kurzem und dickem Schnabel, ernähren sich hauptsächlich von Körnern. ♂ meist auffallender gefärbt als ♀. ______ S. 362

Welcher Vogel ist das?

Haubenlerche *Galerida cristata*

Familie Lerchen *Alaudidae* **1**

Typisch Die auffällige Kopfhaube.
Merkmale Gedrungener und kurzschwänziger als die Feldlerche, Beine etwas kräftiger; längerer, leicht abwärts gebogener Schnabel. Oberseite weniger kontrastreich gemustert. Der Flug wirkt leicht, auffallend sind die breiten Flügel, die unruhig flatternden Flügelschläge und das Gelbbraun der äußeren Steuerfedern. Kleines Foto Jugendkleid.
Stimme Ruft im Flug häufig melodisch „djui“, bei Erregung „di-dji-djie“ oder „dü-dü-dür-dli“. Der Gesang besteht aus kürzeren und längeren Strophen von pfeifendem und zwitscherndem Klangcharakter und enthält häufig Imitationen anderer Vogelstimmen und sogar menschlicher Pfiffe.
Vorkommen Trockenes Öd- und Brachland, Steppen, Bahndämme, Fabrik- und Sportanlagen, auch in Großstädten; brütet sogar auf kiesbeschichteten Flachdächern; fehlt bei uns gebietsweise, besonders im Süden. Nach der Brutzeit in kleinen Trupps.
Verhalten Der Gesang wird häufig auf mittelhohen Warten, aber auch im kreisenden Singflug vorgetragen.
Nahrung Samen von Gräsern und Wildkräutern, grüne Pflanzenteile, kleine Insekten und Spinnen.
Brut April–Juni, 2 Bruten; einfaches Bodennest aus locker zusammengefügten Halmen.

> Haussperling J I–XII

Heidelerche *Lullula arborea*

Familie Lerchen *Alaudidae*

2

Typisch Die volltönenden und stimmungsvollen Gesangsstrophen.

Merkmale Kleiner und deutlich kurzschwänziger als die Feldlerche; aus der Nähe sieht man die weißlichen, am Hinterkopf fast zusammenlaufenden Überaugenstreifen und das schwarzweiße Flügelabzeichen. Stellt bei Beunruhigung die sonst kaum sichtbare, rundliche Kopfhaube mehrmals auf.

Stimme Ruft sanft und melodisch „did-loi" oder – bei Störung – „titroit". Der Gesang des ♂ enthält sehr viele verschiedene, meist melancholisch weiche und zum Schluss abfallende Strophen wie „dlidlidlidlidlidlidli" oder „düdidüdidüdidüdidüdi", die in einer festgelegten Anordnung aufeinander folgen.

Vorkommen Brütet vor allem auf Waldblößen in trockenen, lichten Kiefernwäldern und in nicht zu offenen Heidegebieten. Bei uns selten geworden; fehlt gebietsweise ganz.

Verhalten Die einzige Lerche bei uns, die häufig auf Bäumen sitzt. Oft sind die Spitzen kleiner Kiefern, die als bevorzugte Singwarten dienen, durch das Gewicht der Lerchen verbogen.

Nahrung Insekten, Spinnen, Knospen, grüne Pflanzenteile.

Brut März–Juni, 2–3 Bruten; sauber gefertigtes, gut verstecktes Bodennest mit tiefer Mulde.

~ Haussperling T III–X

Feldlerche *Alauda arvensis*
Familie Lerchen *Alaudidae*

3

Typisch Der lang anhaltende, tirilierende Gesang.
Merkmale Gefieder oberseits tarnfarben; die Oberkopffedern können bei Erregung zu einer kleinen Haube gesträubt werden; Hinterrand der Flügel und Außenkanten des Schwanzes auffällig weiß gesäumt.
Stimme Ruft im Flug wohltönend und hart „tschrl" oder „tschriü"; der Gesang ist weit hörbar und wird fast ausschließlich im Singflug vorgetragen; trillernde, wirbelnde und flötende Abschnitte, die pausenlos aufeinander folgen; häufig Nachahmungen anderer Vogelarten, z. B. Rotschenkel und Waldwasserläufer.
Vorkommen Brütet in allen Arten von offener, weiträumiger Landschaft, vor allem auf Acker- und Weideland, niedrig bewachsenen Feldern und Feuchtwiesen. Bei uns noch häufig.
Verhalten Fliegt zum Singflug stumm auf und steigt ununterbrochen singend steil empor, um dann minutenlang singend hoch am Himmel zu „hängen"; kreist gelegentlich niedrig mit schwirrenden Flügelschlägen. Der Normalflug ist weich und bogenförmig.
Nahrung Insekten, Spinnen, Samen, grüne Pflanzenteile.
Brut April–Juli, 2 Bruten; meist gut verstecktes Grasnest in einer selbst gescharrten Bodenmulde.

> Haussperling T II–X

Uferschwalbe *Riparia riparia*

Familie Schwalben *Hirundinidae*

4

Typisch Kleinste europäische Schwalbe; stets in Trupps oder Schwärmen.
Merkmale Deutlich kleiner als Haussperling; Schwanz schwach gegabelt; Oberseite braun, Unterseite weiß mit braunem Brustband.
Stimme Ruft häufig rau und kratzend „tschripp“ oder „tschr“ und schnell gereiht „brbrbr“, bei Gefahr scharf „zier“. Der Gesang ist unauffällig zwitschernd, meist in Nistplatznähe zu hören.

Vorkommen Sandige Steilufer und Sandgruben mit Steilwänden, meist in der Nähe des Wassers, auch an der Meeresküste. Brütet bei uns nur gebietsweise. Gefährdung hauptsächlich durch Störungen während der Brutzeit und Rekultivierung alter Sandgruben.
Verhalten Sehr gesellig, nistet oft in großen Kolonien; zur Nahrungssuche häufig weitab über Wasserflächen. Nach der Brutzeit häufig große Schwärme im Schilf.
Nahrung Kleine Fluginsekten, vor allem Fliegen, Mücken und Zuckmücken sowie in die Luft gewirbelte Spinnen.
Brut Mai–August, 2 Bruten; beide Partner graben eine 60–100 cm lange, waagrechte Höhle mit querovalem Flugloch in Steilwände; häufig an der Küste. Bruthöhlen meist in Linien nebeneinander angeordnet.

< Haussperling S IV–X

Rauchschwalbe *Hirundo rustica*

Familie Schwalben *Hirundinidae*

5

Typisch Die häufigste Schwalbe in ländlicher Umgebung.

Merkmale Sehr schlank mit auffallend langen Schwanzspießen. Oberseite und Brustband metallisch blauschwarz, Stirn und Kehle rotbraun. Jungvögel matter gefärbt und mit kürzeren Schwanzspießen. Flug elegant und reißend, wirkt zielstrebiger als bei der Mehlschwalbe.

Stimme Ruft häufig hell „wid wid", bei Gefahr durchdringend und sehr hell „zidit", auch mehrfach gereiht. Gesang wohlklingend und ziemlich anhaltend zwitschernd und schwätzend, meist mit schnurrendem Schlussteil.

Vorkommen Überall häufig in Dörfern und offenem Kulturland, vor allem bei Einzelhöfen; Nahrungssuche meist über Grünland. Brütet im Gebirge bis in die Almenregion.

Verhalten Fliegt bei schlechtem Wetter oft bodennah oder knapp über Wasserflächen. Besonders außerhalb der Brutzeit sehr gesellig.

Nahrung Fliegende Kleininsekten.

Brut Mai–August 2–3 Bruten. Nistet meist im Innern von Gebäuden (Ställe und Scheunen) auf einer Konsole direkt an einer senkrechten Wand; schalenförmiges Nest aus Lehm und Halmen.

< Haussperling S IV–X

Mehlschwalbe *Delichon urbica*

Familie Schwalben *Hirundinidae*

6

Typisch Der weiße Bürzel und die reinweiße Unterseite.
Merkmale Gedrungener als die Rauchschwalbe, Schwanz nur schwach gegabelt und ohne lange Spieße; Oberseite metallisch blauschwarz, Jungvögel schwarzbraun, ohne Glanz. Fliegt wegen der höheren Flügelschlagfrequenz mehr flatternd als die Rauchschwalbe, häufig Gleitstrecken.
Stimme Ruft häufig „prrt', „trrtrr" oder „dschrb", bei Gefahr hoch und schrill „sier", oft auch gereiht. Gesang recht unauffällig und vokalarm zwitschernd, nicht so abwechslungsreich wie der Rauchschwalbengesang und ohne den schnurrenden Schlussteil.
Vorkommen Häufig in Dörfern und Siedlungen; in Städten zunehmend seltener; als ursprünglicher Felsbrüter auch in Steinbrüchen und im Gebirge.
Verhalten Jagt meist in größerer Höhe als die Rauchschwalbe; stets sehr gesellig. Übernachtet nicht im Schilf.

Nahrung Fliegende Kleininsekten.
Brut Mai–September, 2–3 Bruten; nistet in Kolonien aussen an Gebäuden, meist direkt unter dem Dach; sauber gemörteltes, halbkugeliges Lehmnest, bis auf ein kleines Einflugloch geschlossen, später weiter offen (kl. Foto).

< Haussperling S IV–X

Wiesenpieper *Anthus pratensis* 7

Familie Pieper und Stelzen *Motacillidae*

Typisch Steht seltener auf Bäumen als der Baumpieper.
Merkmale Vom sehr ähnlichen Baumpieper vor allem anhand von Stimme und Lebensraum unterschieden. Oberseite mehr oliv, Brust weniger gelblich und zarter gestreift. Haltung meist weniger aufgerichtet als Baumpieper; hält sich häufiger auf dem Boden auf. Flug wellenförmig, unstet.
Stimme Ruft aufgescheucht ständig hell und schrill „ist", Kontaktlaut weicher („psip"). Gesang aus hohen und dünnen, zum Schluss hart klirrenden Touren, die meist mit einer schneller werdende „tsip"-Folge beginnen.
Vorkommen Brütet in Mooren, Feuchtwiesen, Heiden, Dünen und Ödland; im Gebirge auf Bergwiesen bis zur Baumgrenze. Bei uns im Süden deutlich seltener und meist im Bergland.
Verhalten Unauffällig und am Boden leicht zu übersehen. Singflug seltener als beim Baumpieper, steigt häufig von einer Bodenerhebung auf; singt auch auf dem Boden, jedoch dort viel einförmiger.
Nahrung Hauptsächlich Insekten und andere Kleintiere, die am Boden erbeutet werden; feine Samen.
Brut April–Juni, 2 Bruten; lockeres und wenig kunstvolles Bodennest, meist unter einem Grasbüschel.

< Haussperling S, W I–XII

Baumpieper *Anthus trivialis*

Familie Pieper und Stelzen *Motacillidae*

8

Typisch Regelmäßig im Wald und auf Bäumen stehend anzutreffen.
Merkmale Schlanker als Haussperling, Brust und Kehle gelblich mit kräftiger dunkelbrauner Längsfleckung; Beine rötlich.
Stimme Ruft aufgescheucht etwas rau „psie", häufig in Abständen wiederholt, in Nestnähe taktmäßig wiederholt „tsitt". Gesang lauter und volltönender als beim Wiesenpieper, verschiedene längere Touren, die teilweise an Kanariengesang erinnern und zum Schluss zunehmend gedehnt werden.

Vorkommen Brütet an Rändern von Laub- und Nadelwald, auf kräuterreichen Lichtungen, Mooren und Heideflächen mit einzelnen Bäumen oder Büschen sowie auf jungen Kahlschlägen mit ähnlicher Struktur. Bei uns überall recht häufig bis zur Baumgrenze.
Verhalten Singt meist von hohen Baumwipfeln oder in kurzem Singflug, wobei der Vogel von der Singwarte aufsteigt, kurz vor dem höchsten Punkt seine Strophen beginnt und dann in typischer Haltung (kleines Foto) zum Ausgangspunkt oder zu einer anderen Singwarte herabgleitet.
Nahrung Meist Insekten, Spinnen.
Brut Mai–Juli, 2 Bruten; gut verstecktes Nest aus Halmen, Blättern und Moos im Bodenbewuchs.

~ Haussperling S IV–IX

Schafstelze *Motacilla flava*

Familie Pieper und Stelzen *Motacillidae*

9

Typisch Die einfarbige zitronengelbe Unterseite.

Merkmale Etwas kleiner und kurzschwänziger als die Bachstelze; Kopf schiefergrau mit kurzem, weißem Überaugenstreif. ♀ etwas blasser, Kopf mehr braungrau. Zur Zugzeit tritt bei uns regelmäßig die nordische Unterart *M. f. thunbergi* (kleines Foto) auf: Oberkopf schwärzlich, Überaugenstreif fehlt; weitere Unterarten, die sich vor allem in der Kopfzeichnung von der Nominatform *M. f. flava* unterscheiden, gelegentlich auf dem Zug in Mitteleuropa.

Stimme Ruft häufig im Flug scharf „psiehp", bei Gefahr „sriesrie". Einfacher Gesang aus kurzen Elementen wie „sri sri ..." oder „tsip tsip tsipsi ...".

Vorkommen Weniger eng an Wasser gebunden als andere Stelzen; brütet in Mooren, Sümpfen, Heidelandschaften, Wiesen und Weiden des Tieflandes; auch auf Äckern und Feldern; meidet Waldgebiete und Bergland.

Verhalten Oft in der Nähe von Weidevieh anzutreffen. Singt vom Boden aus, auf Singwarten oder im auf- und absteigenden Singflug

Nahrung Vorwiegend Insekten, deren Larven und Spinnen.

Brut Mai–Juli, 1–2 Bruten; lockeres Nest aus Halmen, Gräsern und Würzelchen in einer Mulde unter dichtem Bodenbewuchs.

> Haussperling S IV–IX

Gebirgsstelze *Motacilla cinerea*

Familie Pieper und Stelzen *Motacillidae*

10

TYPISCH Wippt fast ständig mit dem sehr langen Schwanz.

MERKMALE Von der ebenfalls unterseits gelben Schafstelze durch viel längeren Schwanz, einheitlich grauen Rücken und dunklere Flügel unterschieden. ♂ mit schwarzer Kehle; ♂ im Winter, ♀ (kleines Foto) und Jungvögel mit weißlicher Kehle. Im Flug sieht man manchmal den weißen Flügelstreif.

STIMME Ruft scharf und metallisch „ziss-ziss“ oder „ziit ziit“, bei Störung in Nestnähe schrill „sissiht“ oder „sieht zickzick“. Gesang: hohe und schrill zwitschernde Strophen aus gereihten, rufähnlichen Elementen wie „ziep ziep ziep“, „tze tze tze“, „tsit tsit tsit“.

VORKOMMEN Brütet an schnell fließenden Bächen und seichten Flüssen der Gebirge (bis 1900 m Höhe), im Flachland meist an Stauwehren, Brücken und Mühlgräben; außerhalb der Brutzeit auch an Seen und Parkteichen.

VERHALTEN Flattert häufig von Stein zu Stein, um Insekten zu fangen; fliegt schnell und oft niedrig über dem Fließgewässer. Singt oft im Singflug.

NAHRUNG Insekten, Spinnen, kleine Würmer und Krebstiere am Wasser.

BRUT März–Juli, 2 Bruten; Nest aus Zweigen, Gras und Moos, mit Haaren ausgelegt, in Nischen an Felsen, zwischen Baumwurzeln und unter Brücken; stets in Ufernähe.

> **Haussperling T I–XII**

Bachstelze *Motacilla alba*

Familie Pieper und Stelzen *Motacillidae*

11

Typisch Der lange, schwarze Schwanz mit weißen Außenkanten, mit dem der Vogel ständig wippt.
Merkmale Gefieder schwarzweißgrau; lange und schlanke, schwarze Beine. ♀ weniger kontrastreich und mit weniger Schwarz am Oberkopf als ♂. Im Winter mit weißer Kehle und dunklem Brustband. Jungvögel kleines Foto.
Stimme Ruft häufig durchdringend „zick", „zlipp" oder „zilipp", oft mehrfach wiederholt. Gesang hastig zwitschernd aus rufartigen Elementen. Auftauchende Greifvögel werden mit lautem Zwitschern empfangen.
Vorkommen Überall häufig in offenem Kulturland, besonders in Wassernähe; brütet als Kulturfolger in Dörfern, Städten, an Einzelgehöften, in Kiesgruben; außerhalb der Brutzeit oft an Seen und Flüssen, auf Wiesen und Äckern.
Verhalten Läuft mit schnellen Trippelschritten am Boden, macht dabei rhythmische Kopfbewegungen; Nahrungssuche meist auf vegetationsarmem Boden; fängt häufig Insekten in kurzem Jagdflug.
Nahrung Insekten, deren Larven; daneben Spinnen, kleine Würmer .
Brut April–August, 2 Bruten; unordentliches Nest aus Zweigen, Halmen, Blättern und Moos, in Halbhöhlen, auf Dachbalken, an Wehranlagen und in Holzstößen.

> **Haussperling T III–XI**

Seidenschwanz *Bombycilla garrulus*

Familie Seidenschwänze *Bombycillidae*

12

Typisch Die aufrichtbare Federhaube, das seidige Gefieder und die bezeichnenden hohen Rufe.

Merkmale Gefieder sehr bunt, von weitem jedoch einheitlich bräunlich; beim ♂ (oben) sind die roten Hornplättchen auf den Flügeln größer, bei Jungvögeln die gelben Flügelabzeichen weniger markant. Fliegt schnell und zielgerichtet; das Flugbild erinnert an das des Stars, wirkt aber graziler.

Stimme Ruft beim Abflug und im Flug hoch und schwirrend „srii", klingt aus der Nähe viel weicher; die Rufe eines Trupps sind oft recht weit zu hören. Gesang anhaltend sirrend und plaudernd, ähnlich den typischen Flugrufen und mit teilweise quäkenden und geräuschhaften Elementen.

Vorkommen Brütet in der aufgelockerten und unterwuchsreichen Fichtentaiga und in Birkenwäldern Nordskandinaviens und Nordrusslands. Im Winterhalbjahr bei uns fast alljährlich in geringer Zahl zu beobachten; in manchen Jahren jedoch invasionsartige Einflüge nach Mitteleuropa.

Verhalten Sehr gesellig, meist auf beerentragenden Sträuchern und Bäumen, oft in Parks und Anlagen; wenig scheu.

Nahrung Zur Brutzeit überwiegend Insekten; sonst fast ausschließlich Beeren, vor allem Eberesche, Schneeball, Weißdorn, Obst.

~ Star W, D X–IV O

Wasseramsel *Cinclus cinclus* 13

Familie Wasseramseln *Cinclidae*

Typisch Der einzige Singvogel, der schwimmen und tauchen kann.

Merkmale Rundliche, zaunkönigsartige Gestalt mit kurzem Schwanz, Beine und Füße kräftig. Jungvögel (kleines Foto) mit schiefergrauer Oberseite, Kehle und Brust wirken wegen der dunklen Federränder schmutzig weiß.

Stimme Ruft im Flug häufig scharf und kratzend „srit" oder „zit", daneben rau „zerrb". Gesang eine taktmäßig aneinander gereihte, schwätzende Folge von pfeifenden, trillernden, quirlenden, rau zwitschernden und kratzenden Elementen, oft mit Imitationen anderer Vögel; ♀ und ♂ singen, auch im Winter.

Vorkommen Brütet an schnell fließenden, klaren Bächen und Flüssen bis in 2000 m Höhe, in den Alpen und Mittelgebirgen weit verbreitet, sonst selten, im Norden nur sporadisch. Im Winterhalbjahr auch an langsam fließenden Flüssen und Seeufern.

Verhalten Steht häufig auf einem Stein im Wasser und knickst; fliegt schnell, geradlinig und niedrig über dem Wasser.

Nahrung Vor allem Wasserinsekten und deren Larven; daneben Würmer, kleine Krebstiere und Fischchen.

Brut März–Juli, 2 Bruten; großes, überdachtes Moosnest in der überhängenden Uferböschung, unter Brücken sowie in speziellen Nistkästen.

~ Star J I–XII

Zaunkönig *Troglodytes troglodytes*

Familie Zaunkönige *Troglodytidae*

14

Typisch Der bei Erregung meist gestelzt gehaltene Schwanz.
Merkmale Winzig und gedrungen, mit kurzem Schwanz.
Stimme Ruft bei Beunruhigung laut und hart „teck teck teck ...", oft auch „tetet te tete ..." oder schnurrend „tserr ...". Die Standortrufe ausgeflogener Jungvögel klingen wie „ziip" und sind schwer zu orten. Gesang laut und schmetternd mit trillernden Abschnitten und am Schluss in Flötentönen ausklingend oder in einem hohen und scharfen Ton endend.
Vorkommen Häufig in Wassernähe; brütet in unterholzreichen Wäldern, in Gebüsch und Gestrüpp; auch in Parks und verwilderten Gärten; in den Alpen bis rund 2000 m Höhe. Weit verbreitet und meist häufig, jedoch große Bestandsschwankungen von Jahr zu Jahr.
Verhalten Sehr lebhaft; huscht häufig wie eine Maus in bodennahem Gestrüpp, verschwindet oft in Schilf- oder

Reisighaufen, im Wurzelwerk einer Uferböschung oder in einem Holzstoß, fliegt geradlinig mit schnellem Flügelschlag. Singt fast das ganze Jahr über.
Nahrung Insekten, deren Larven, kleine Spinnen und Würmer.
Brut April–Juli, 2 Bruten; kugeliges Moosnest mit seitlichem Einschlupf, meist niedrig im Gestrüpp oder in einem Wurzelteller.

< **Haussperling J I–XII**

Heckenbraunelle *Prunella modularis*

Familie Braunellen *Prunellidae*

15

Typisch Unauffällig, sieht einem Haussperlings-♀ ähnlich, hat aber einen schlanken Schnabel.

Merkmale Kopf und Brust schiefergrau, Flanken dunkel gestrichelt; von nahem sind die braunen Ohrdecken und die rotbraune Iris zu erkennen. Jungvögel mit braungrauem, dunkel geflecktem Oberkopf, unterseits stärker gestrichelt.

Stimme Ruft bei Störung hoch pfeifend und gedehnt „zieh", als Stimmfühlungsruf oft ein hohes, reines „dididi", außerhalb der Brutzeit, vor allem im Herbst, ein hohes, weit hörbares „zihdit" oder „tsitsitsi". Gesang wohlklingend, eine kontinuierliche und eilige Zwitscherfolge von hellem Klangcharakter, leicht auf- und absteigend; Lautstärke und Strophenlänge variieren erheblich; jedes ♂ verfügt über mehrere Strophentypen.

Vorkommen Brütet häufig in Nadel- und Mischwald, in Parks, Friedhöfen und verwilderten Gärten mit dichtem Gebüsch; brütet im Gebirge bis zur Latschenregion.

Verhalten Hüpft oft am Boden in geduckter Haltung, verlässt nur selten die Deckung. Singt häufig auf Spitzen junger Nadelbäume.

Nahrung Insekten, Spinnen, im Winterhalbjahr feine Samen (Mohn).

Brut April–Juli, 2 Bruten; fest gefügtes Moosnest mit einem Unterbau aus Reisern, oft in Jungfichten oder Gebüsch.

~ Haussperling T I–XII

Alpenbraunelle *Prunella collaris*

Familie Braunellen *Prunellidae*

16

Typisch Flug und Verhalten lerchenartig, kein Deckungsvogel wie die Heckenbraunelle.

Merkmale Größer, gedrungener und lebhafter gefärbt als Heckenbraunelle; wirkt von weitem einheitlich braungrau, aus der Nähe sieht man die rostbraune Musterung der Flanken, die helle Kehlzeichnung und die gelbliche Schnabelwurzel. Jugendkleid rechts.

Stimme Ruft häufig hell „trrü trrü" oder „drür drür ...", bei Gefahr hart „tüütütütüt". Gesang anhaltend schwätzend mit tiefen Trillern, etwas langsamer als der der Heckenbraunelle, erinnert etwas an Feldlerchengesang.

Vorkommen Brütet an sonnigen Felsabbrüchen, auf alpinen Matten mit Felsbrocken und auf Steinhalden; häufig in der Nähe von bewirtschafteten Berghütten; im Sommer meist oberhalb 1300 m, im Winterhalbjahr in tieferen Lagen, dringt jedoch nur in strengen Wintern bis in die Siedlungen vor. Verbreiteter Brutvogel der Alpen und des Tatra-Gebirges.

Verhalten Nahrungssuche in offenem Gelände; singt meist auf Warten, aber auch im Singflug.

Nahrung Insekten, Spinnen, Würmer; im Winter vor allem Samen.

Brut Mai–August, 1–2 Bruten; Nest meist in einer Bodensenke oder Felsspalte oder unter Alpenrosen.

> Haussperling J I–XII

Rotkehlchen *Erithacus rubecula* 17

Familie Drosseln *Turdidae*

Typisch Die großen dunklen Augen und die orangerote Brust.
Merkmale Rundliche Gestalt, relativ lange Beine; Jungvögel ohne Rot, stark bräunlich gefleckt (kleines Foto).
Stimme Ruft bei Störung scharf „zick", oft in schneller Folge („Schnickern"); ein hohes, durchdringendes „zieh" hört man beim Auftauchen eines Luftfeindes. Der Gesang ist fast das ganze Jahr über zu hören, eine klare, abfallende Tonfolge von feierlichem und melancholischem Klangcharakter; die recht langen Strophen beginnen meist mit hohen, reinen Flötentönen.

Vorkommen Brütet in allen Arten von Wäldern, vor allem in unterholzreichem Laub- und Mischwald, in Parks und Gärten mit Baumbestand oder Gebüsch. Bei uns weit verbreitet.
Verhalten Hält sich zur Nahrungssuche oft am Boden auf, knickst häufig, zuckt mit Flügeln und Schwanz. Wenig scheu, oft sehr neugierig. Singt schon ab März aus der Deckung von Büschen und Bäumen, häufig bis in die späte Dämmerung. Besucht Futterstellen.
Nahrung Insekten, Schnecken, Würmer, Beeren, Früchte.
Brut April–Juli, 2 Bruten; Napfnest aus alten Blättern, Gras und Moos, am Boden in dichtem Bewuchs, in bodennahen Höhlungen oder zwischen Baumwurzeln verborgen.

< **Haussperling T I–XII**

Blaukehlchen *Luscinia svecica*

Familie Drosseln *Turdidae*

18

TYPISCH Fächert häufig den Schwanz und stelzt ihn ruckartig.
MERKMALE In Größe und Gestalt ähnlich dem Rotkehlchen, etwas hochbeiniger; Schwanzwurzel rostrot. Mitteleuropäische Unterart (*L. s. cyanecula*) mit weißem, nordeuropäische Unterart (*L. s. svecica*) mit rotem Fleck („Stern") im blauen Kehllatz. ♀ (rechts) und ♂ im Winter mit weißlicher Kehle. Jungvögel ähnlich jungen Rotkehlchen, aber wie Altvögel mit roter Schwanzwurzel.
STIMME Ruft bei Störung hart „tack" oder pfeifend „hüit". Gesang aus eilig vorgetragenen, langen Strophen von rein klingenden, scharfen und gepressten Tönen und mit Imitationen vielen verschiedener Vogelarten; zu Beginn häufig eine sich beschleunigende Reihe von grillenartigen Zirplauten.
VORKOMMEN Brütet in verschilftem Weidengebüsch an Gräben, Teichen, Seen und Flüssen, in versumpftem Auwald; bei uns seltener Brutvogel.

VERHALTEN Singt von mittelhohen Warten oder im Singflug.
NAHRUNG Insekten, Würmer, Beeren.
BRUT April–Juni, 1 Brut; gut verstecktes Nest, meist bodennah im Gewirr von Altschilf oder zwischen Kräutern.

< **Haussperling S III–IX**

Nachtigall *Luscinia megarhynchos*

Familie Drosseln *Turdidae*

19

Typisch Der stimmungsvolle, laut schmetternde und flötende Gesang.
Merkmale Oberseite bis auf den rötlich braunen Schwanz einfarbig braun, Unterseite etwas heller und ungemustert. Jungvögel (kleines Foto) ähnlich jungen Rotkehlchen, aber größer und mit rötlich braunem Schwanz.
Stimme Ruft ähnlich Fitis „huit", bei Gefahr tief knarrend „karr". Gesang sehr abwechslungsreich und wohlklingend, mit monoton schmetternden und kristallklaren, flötenden Touren; dazwischen tief und hart „tjuck tjuck tjuck ...", grillenartig zirpende Teile und lange crescendoartig anschwellende Touren wie „hü hü hü ..." („Schluchzen").

Vorkommen Brütet im Laub- und Mischwald mit dichtem Unterholz, in Auwäldern, Parks, Friedhöfen und verwilderten Gärten; gebietsweise, vor allem in Süddeutschland, sehr selten oder fehlend.
Verhalten Wenig gesellig; lebt versteckt. Nahrungssuche am Boden; bewegt sich sehr elegant, stelzt häufig den Schwanz. Singt aus dichtem Gebüsch, auch nachts.
Nahrung Insekten, Würmer, Beeren.
Brut Mai–Juni, 1 Brut; lockeres Nest in dichtem Bodenbewuchs.

> Haussperling S IV–IX

Sprosser *Luscinia luscinia*

Familie Drosseln *Turdidae*

20

Typisch Gesang weniger abwechslungsreich, langsamer und weniger schmetternd als der der Nachtigall, ohne das „Schluchzen".

Merkmale An Gefiedermerkmalen nur schwer von der Nachtigall zu unterscheiden; von nahem fällt manchmal die leicht dunkel gewölkte Brust, die dunklere, mehr olivbraune Oberseite und der nur schwach rötlich gefärbte Schwanz auf. Jugendkleid rechts.

Stimme Ruft bei Störung ähnlich wie die Nachtigall tief und sonor „karr" oder klar und hell „siih". Gesang ähnlich weit hörbar wie der der Nachtigall, regelmäßig mit eingeflochtenen tonlosen, schnarrenden und rohrsängerartigen Motiven; Imitationen von Singdrossel und Waldschnepfe sind bekannt.

Vorkommen Brütet oft an feuchteren Standorten als die Nachtigall: dichtes Gebüsch an Gewässerufern, Bruchwald mit Erlen-, Birken- und Weidengebüsch. Bei uns nur im Nordosten Brutvogel, in

Schleswig-Holstein beide Zwillingsarten gebietsweise nebeneinander .

Verhalten Ähnlich wie das der Nachtigall, bei Erregung jedoch drehende Schwanzbewegungen.

Nahrung Insekten, Spinnen, Würmer, Schnecken, Beeren.

Brut Mai–Juni, 1 Brut; lockeres Nest, meist in einer Bodensenke unter dichtem Gebüsch gebaut.

> **Haussperling S IV–IX**

Hausrotschwanz *Phoenicurus ochruros* 21

Familie Drosseln *Turdidae*

Typisch Sitzt häufig in aufrechter Haltung auf Warten, knickst und zittert ständig mit dem Schwanz.
Merkmale Schlank und hochbeinig, Bürzel und Schwanz rostrot; ♂ an der auffallenden dunklen Färbung und am hellen Flügelfleck schon von weitem leicht erkennbar. ♀ (kleines Foto) graubraun. Jungvögel schwarzbraun.

Stimme Ruft bei Störung hart und kurz „hid-tek-tek", in Nestnähe sehr schnell und tonlos „tektektek". Gesang eine kurze, hastige Strophe aus zwei Teilen, beginnt mit „jirr-titititi", der zweite Teil, ein gepresstes, kratzendes „zchr-chztritütitit", erfolgt nach kurzer Pause.
Vorkommen Brütet an Einzelhäusern, in Dörfern und Städten, auch mitten in der Großstadt; ursprünglich Felsbewohner, im Gebirge bis über 3000 m Höhe; weit verbreitet, in der Kulturlandschaft und in Siedlungen häufig.
Verhalten Fliegt zum Erhaschen von Insekten häufig kurz auf den Boden singt von hohen Warten wie Hausantennen, auch vor Sonnenaufgang.
Nahrung Insekten, Spinnen, Beeren.
Brut April–Juli, 2 Bruten; Nest in Mauerlöchern, Felsspalten, unter Dächern und in Halbhöhlen-Nistkästen.

< **Haussperling T III–X**

Gartenrotschwanz *Phoenicurus phoenicurus* 22

Familie Drosseln *Turdidae*

Typisch Zittert in kurzen Abständen mit dem Schwanz.

Merkmale ♂ im Prachtkleid trotz der Buntheit oft schwer zu entdecken, im Schlichtkleid verwaschene Kopf- und Unterseitenfärbung durch helle Federsäume. ♀ (unten) mit deutlich hellerer Unterseite als Hausrotschwanz-♀, Jungvögel unterseits stark gemustert.

Stimme Ruft bei Störung kurz und gezogen „hüit" oder „hüit-teck-teck". Gesang wohlklingend und wehmütig, beginnt meist mit „hüit trä trä trä", daran schließen sich raue, gequetschte und reine Töne und häufig Imitationen an.

Vorkommen In lichtem Laub-, Misch- und Nadelwald, in Parks, Gärten und Obstgärten mit altem Baumbestand, auch in Dörfern und an Stadträndern. Bei uns weit verbreitet, in den letzten Jahren jedoch deutlich seltener geworden.

Verhalten Sitzt häufig auf niedrigen Zweigen, fliegt auf den Boden, um Insekten aufzunehmen. Singt schon vor dem Morgengrauen auf Baumspitzen und Antennen.

Nahrung Insekten, Spinnen, Beeren.

Brut Mai–Juli, 2 Bruten; nistet in Baum- und Felshöhlen, Mauernischen, auf Dachbalken und in Nistkästen.

< Haussperling S IV–X

Braunkehlchen *Saxicola rubetra*

Familie Drosseln *Turdidae*

23

TYPISCH Sitzt häufig exponiert auf vorjährigen Stauden, auf Pfosten oder Stacheldrahtzäunen.

MERKMALE Gedrungen und kurzschwänzig, trotz der auffälligen Färbung leicht zu übersehen. ♂ mit weißem, ♀ (kleines Foto) mit gelblichem Überaugenstreif.

STIMME Ruft häufig hart und sehr kurz „tek tek" oder „zek zek", oft abwechselnd mit weichen „jü"-Rufen. Gesang: verschiedene kurze und eilige Strophen aus kratzenden, schmatzenden und flötenden Tönen; viele Strophen enthalten Imitationen oder sind verkürzte Imitationen anderer Vogelgesänge.

VORKOMMEN Brütet in offenen, weiten Feuchtgebieten, extensiv genutzten Streuwiesen, in Brachflächen und sog. Ödland; entscheidend ist das Angebot an vorjährigen Stauden und anderen Warten. Bei uns durch Zerstörung von Feuchtgebieten selten geworden.

VERHALTEN Fliegt niedrig von Warte zu Warte; wippt häufig mit dem Schwanz und zuckt mit den Flügeln. Singt meist auf niedrigen Warten oder in kurzem Singflug.

NAHRUNG Insekten, Spinnen.

BRUT Mai–Juni, 1 Brut; Nest gut getarnt, meist unter Grasbüscheln.

< Haussperling S IV–IX

Schwarzkehlchen *Saxicola torquata*

Familie Drosseln *Turdidae*

24

Typisch Die auffallend kontrastreiche Färbung des ♂ (oben).

Merkmale Gestalt etwas rundlicher als Braunkehlchen. ♀ (rechts) Kopf und Oberseite bräunlich gemustert, keine weißen Schwanzseiten wie Braunkehlchen-♀, Überaugenstreif nur angedeutet. Jungvögel mit fein gestrichelter Brust.

Stimme Ruft bei Störung hart und kratzend „trat", meist mehrfach wiederholt, oder „fid-kr". Gesang: eine kurze, eilige Strophe mit kratzenden, ratternden und pfeifenden Tönen und häufig mit Imitationen anderer Vogelstimmen.

Vorkommen Meist an trockeneren Standorten als Braunkehlchen: brütet in offener, steiniger Landschaft mit Ginsterbüschen, an Bahndämmen, aber auch auf Hochmooren und extensiv genutzten Wiesen; im Gebirge (Schweiz) bis 1400 m Höhe. Bei uns seltener, aber zunehmender Brutvogel.

Verhalten Hält sich zur Nahrungssuche öfter auf dem Boden auf als Braunkehlchen; sitzt häufiger in aufrechter Haltung; hält auf Buschspitzen nach vorbeifliegenden Insekten Ausschau; wippt ständig mit dem Schwanz und zuckt mit den Flügeln.

Nahrung Insekten, kleine Würmer.

Brut April–Juli, 2 Bruten; Nest meist in dichtem Bodenbewuchs.

< Haussperling S III–X

Steinschmätzer *Oenanthe oenanthe*

Familie Drosseln *Turdidae*

25

TYPISCH Die im Flug auffallende Bürzel- und Schwanzfärbung: ein breites schwarzes, auf dem Kopf stehendes T.
MERKMALE Lange schwarze Beine, relativ kurzer Schwanz und aufrechte Haltung kennzeichnend. Beim ♂ (oben) Rücken taubengrau, Wangen und Flügel schwarz, deutlicher Überaugenstreif; ♂ im Schlichtkleid und ♀ (kl. Foto) bräunlich ohne kontrastreiche Kopfzeichnung.

STIMME Ruft hart und hölzern „tk“, meist wiederholt, dazwischen oft einzelne „fid“- oder „jiw“-Laute. Gesang selten zu hören, kurze, hastig schwätzende Strophen aus harten, rauen Tönen und weichen Pfeiflauten; häufig in tänzelndem Singflug vorgetragen.
VORKOMMEN Offene, steinige oder felsige Landschaft; Ödland, Schuttplätze, Kiesgruben, Dünen, Moor- und Heidelandschaften; im Gebirge bis über 2000 m Höhe. Bei uns selten, fehlt gebietsweise.
VERHALTEN Bodenvogel, sitzt oft auf Steinen oder Erdschollen; knickst und wippt mit dem Schwanz.
NAHRUNG Insekten, Spinnen, Würmer sowie kleine Schnecken.
BRUT April–Juni, 1 Brut; Nest in Steinhaufen, Felsspalten, Mauerlöchern, alten Säugetierbauten.

~ Haussperling S IV–X

Steinrötel *Monticola saxatilis*

Familie Drosseln *Turdidae*

26

TYPISCH Das deutliche weiße Rückenfeld des ♂, dessen Ausdehnung von ♂ zu ♂ stark variiert.

MERKMALE Unterseite und Schwanz beim ♂ rostrot, Kopf graublau. ♀ (rechts) und ♂ im Schlichtkleid bräunlich, oberseits kräftig gefleckt, unterseits mit gelblicher Schuppenzeichnung.

STIMME Ruft bei Beunruhigung hart und oft mehrfach wiederholt „tack“ oder leise „jih“, manchmal auch elsterartig schackernd. Gesang flötend und etwas gepresst zwitschernd, häufig mit deutlichen Imitationen anderer Vogelstimmen.

VORKOMMEN Brütet an spärlich bewachsenen, sonnigen Felsabhängen, auch in Steinbrüchen und Ruinen; seltener Brutvogel der österreichischen und Schweizer Alpen, neuerdings wieder in den Bayerischen Alpen.

VERHALTEN Ziemlich scheu; sitzt häufig aufrecht und frei auf Warten (Felsen, Gebäude, Bäume). Auffallender Singflug, wobei der Vogel nach dem Steigflug mit stark gespreiztem Schwanz herabschwebt.

NAHRUNG Insekten, Spinnen, Würmer, Beeren.

BRUT Mai–Juli, 1 Brut; lockeres Nest in Felsspalten.

> **Haussperling S IV–X**

Misteldrossel *Turdus viscivorus*

Familie Drosseln *Turdidae*

27

Typisch Größte Drossel Europas.
Merkmale Deutlich größer, langflügeliger und langschwänziger als die Singdrossel; Oberseite mehr graubraun, Unterseite gröber gefleckt; Schwanzaußenfedern mit weißlichen Enden. Jungvögel mit dunkel gefleckter und hell gestrichelter Oberseite, Kehle einfarbig weißlich. Im Flug einer Taube ähnlich, rundlicher Bauch und weißliche Unterflügeldecken auffallend; wellenförmige Flugbahn.
Stimme Ruft laut und trocken schnarrend "kerrr", besonders häufig beim Abflug. Gesang an den der Amsel erinnernd, aber von melancholischem Klangcharakter und wenig abwechslungsreich; kurze, flötende Strophen in fast gleichbleibender Tonhöhe vorgetragen.

Vorkommen Hochstämmiger Laub- und Nadelwald, Feldgehölze; gebietsweise auch in Parkanlagen; im Gebirge bis zur Baumgrenze. Bei uns weit verbreitet, aber meist deutlich seltener als die Singdrossel.
Nahrung Würmer, Schnecken, Insekten, im Herbst auch Beeren (Mistel), Früchte, Obst.
Brut März–Juni, meist 1 Brut; etwas schlampig wirkendes Nest aus Gras, Wurzeln und Zweigen, mit Erde verfestigt und mit Gräsern ausgepolstert; meist in 2–10 m Höhe in einer Astgabel.

> **Amsel T, W I–XII**

Singdrossel *Turdus philomelos*

Familie Drosseln *Turdidae*

28

Typisch Fliegt aufgeschreckt mit hohen, scharfen „zipp“-Rufen weg.
Merkmale Kleine, oberseits braune Drossel mit großen dunklen Augen; Unterseite mit kleinen dunklen Flecken übersät. Jungvögel oberseits hell gestrichelt. Im Flug fallen die gelblichen Unterflügeldecken auf.
Stimme Zetert erregt amselartig, aber weniger durchdringend „dickdickdickdick ...“. Gesang laut und abwechselungsreich, aus 2- bis 3mal wiederholten, klangvollen flötenden und zwitschernden Motiven, z. B. „judit-judit-judit“. Oft Imitationen anderer Vogelstimmen, besonders von Watvögeln.
Vorkommen Weit verbreitet und häufig in allen Arten von hochstämmigen Wäldern, vor allem in unterholzreichem, lichtem Mischwald, in Feldgehölzen, Parks und Gärten.
Verhalten Zur Nahrungssuche oft auf Wiesen in Waldrandnähe, rennt ein kurzes Stück und bleibt dann abrupt

stehen. Schlägt häufig auf bestimmten Steinen („Drosselschmiede“, kl. Foto) Gehäuseschnecken auf. Singt im Frühjahr oft ausdauernd auf Baumspitzen.
Nahrung Schnecken, Würmer, Insekten, im Herbst auch Beeren, Obst.
Brut April–Juli, 2 Bruten; stabiles, wohlgeformtes Nest mit tiefer Mulde, innen mit Holzmulm und Lehm ausgekleidet; oft in Jungfichten versteckt.

< Amsel S III–XI

Amsel *Turdus merula*

Familie Drosseln *Turdidae*

29

Typisch Sehr häufiger Kulturfolger.
Merkmale Schnabel und Augenring beim ♂ orangegelb, Gefieder glänzend schwarz, beim ♀ (kleines Foto) dunkel graubraun bis schwärzlichbraun mit hellerer, schwach gemusterter Brust. Jungvögel mit mehr rotbraunem Gefieder, Unterseite stärker gemustert.
Stimme Ruft häufig „tix tix" oder „duk duk duk"; bei Erregung metallisch „tsink tsink" und schrilles Zetern. Gesang laut und volltönend, von flötendem und orgelndem Klangcharakter; die relativ langsam vorgetragenen variablen Strophen werden nicht wie bei der Singdrossel wiederholt, sie enden meist mit etwas höheren, gepresst zwitschernden Lauten.
Vorkommen Überall häufig in Wäldern, Gehölzen, Parks und Gärten.
Verhalten Bei der Nahrungssuche meist auf dem Boden hüpfend, hält oft ruckartig an, stelzt den Schwanz und zuckt mit den Flügeln.
Nahrung Regenwürmer, Schnecken, Insekten, Beeren, Früchte, Obst.
Brut März–August, 2–3 Bruten; stabiles Nest meist niedrig in Bäumen, Büschen, Hecken, auch auf Fenstersimsen und Balkonen.

Bezugsart T I–XII

Ringdrossel *Turdus torquatus*

Familie Drosseln *Turdidae*

30

Typisch Das auffallende weiße Brustschild des ♂.

Merkmale In Größe und Gestalt ähnlich der Amsel, Flügel und Schwanz etwas länger, auf der Unterseite mehr oder weniger deutliche Schuppenzeichnung, die sich im Winter verstärkt; ♀ (rechts) mit matterem, weniger auffallendem Brustschild, Gefieder mehr braun und stärker geschuppt. Jungvögel ohne Brustschild, Unterseite mit Kehle stark dunkel gefleckt.

Stimme Ruft bei Erregung hö zern und hart „tok tok tok", im Flug vibrierend „tsriet"; Gesang aus kurzen, flötenden Strophen, deren Motive wie bei der Singdrossel mehrfach wiederholt werden. Klangcharakter an Amsel und Misteldrossel erinnernd, aber weniger wohlklingend und rauer; „derü derü", „trü trü" oder „tjüli tjüli".

Vorkommen Brütet häufig in den Alpen und den höheren Mittelgebirgen in lockerem Fichtenwald und in der Latschenzone von rund 1000–2000 m Höhe; zur Zugzeit auch in Tälern und im Tiefland anzutreffen.

Verhalten Ziemlich scheu.

Nahrung Würmer (Regenwürmer), Schnecken, Insekten, Beeren.

Brut April–Juli, 1–2 Bruten; großes Nest aus Gras, Moos und Heidekraut, meist niedrig in einer Fichte oder Latsche, manchmal auch auf dem Boden.

~ Amsel S, D II–X

Wacholderdrossel *Turdus pilaris*

Familie Drosseln *Turdidae*

31

Typisch Die auffallende Färbung.
Merkmale Langflügelig und langschwänzig. Im Flug kontrastiert der schwarze Schwanz mit dem hellgrauen Bürzel und den weißen Unterflügeldecken. Jugendkleid unten.
Stimme Ruft im Flug laut und rau schackernd „schak schak schak" oder, in Nestnähe, „trarrat"; Greifvögel und Krähen werden mit schnarrendem „trrtrrtrrt" verjagt. Gesang nicht sehr laut, schwätzend und gepresst zwitschernd, mit harten und schrillen Lauten durchsetzt; singt oft im Flug.
Vorkommen Brütet in Feldgehölzen, an Waldrändern, in Auwald, lichten Birkenwäldern, in Parks und Gärten mit Bäumen. Bei uns recht häufig, nur im Nordwesten selten oder fehlend.
Verhalten Nahrungssuche am Boden, sitzt meist in aufrechter Haltung; sehr gesellig; in den Brutkolonien greifen die Drosseln Nestfeinde gemeinsam an. Flug wirkt etwas schwerfällig.
Nahrung Würmer, Schnecken, Insekten, Beeren, Früchte, Obst.
Brut April–Juni, 1–2 Bruten; Koloniebrüter. Großes Nest aus Gras, Moos, Wurzeln und kleinen Zweigen, auf Bäumen in Astgabeln oder nahe am Stamm, oft ziemlich ungeschützt.

> **Amsel T I–XII**

Rotdrossel *Turdus iliacus* 32

Familie Drosseln *Turdidae*

Typisch Der Flugruf, ein gedehntes, hohes, etwas rau klingendes „zjieh".

Merkmale Aus der Nähe durch den weißlichen Überaugenstreif, die rotbraunen Flanken und die längsgestreifte (nicht gefleckte) Brust von der etwas größeren und helleren Singdrossel zu unterscheiden. Im Flug fallen die rotbraunen Unterflügeldecken auf.

Stimme Ruft bei Störung gedämpft „djüg", in Nestnähe knatternd „trrt"; neben dem typischen Flugruf auch ein gedämpftes „kök". Gesang eine schnelle, meist melancholisch klingende abfallende Tonreihe wie „trü trü trü trü" oder „tjirre tjerre tjürre tjörre", auf die ein hastiges, gepresstes Zwitschern folgt; der erste (flötende) Teil des Gesangs ist recht variabel.

Vorkommen Brütet in lichten nordischen Nadel- und Birkenwäldern bis zum Tundrarand. Einzelne Paare brüten gelegentlich bei uns. Im Winterhalbjahr in offener Landschaft und auf-

gelockerten Wäldern, in Parks und Gärten mit beerentragenden Büschen.

Nahrung Würmer, Schnecken, Insekten, auf dem Zug vor allem Beeren (besonders Weintrauben).

< Amsel D, (W) X–III

Grauschnäpper *Muscicapa striata*

Familie Schnäpper *Muscicapidae*

33

TYPISCH Steht in aufrechter Haltung auf erhöhter Warte und fängt vorbeifliegende Insekten.
MERKMALE Unscheinbar, große dunkle Augen; Oberseite graubraun, Unterseite weißlich, an Kopf und Brust verwaschen längs gestreift. Jungvögel (unten) mit geschuppter Oberseite.
STIMME Ruft bei Beunruhigung kurz „tk", scharf „pst" oder „zek", häufig auch „zi-tk-tk". Gesang wenig eindrucksvoll und selten zu hören: eine hastige Folge von kurzen Einzelelementen und Doppeltönen wie „tsi-tsi-tsi-sri-trü-zr".
VORKOMMEN Brütet in lichtem Laub- und Mischwald, in Feldgehölzen, Parks und Gärten, oft im Siedlungsbereich oder an Einzelgebäuden. Bei uns weit verbreitet, aber meist nicht häufig.
VERHALTEN Wenig gesellig; jagt meist im Baumkronenbereich; kehrt nach einem Jagdflug wieder auf dieselbe Sitzwarte zurück; nach dem Landen und bei Erregung häufig Flügel- und Schwanzzucken. Rüttelt gelegentlich.
NAHRUNG Fliegende Insekten; im Herbst auch Beeren.
BRUT Mai–Juli, 1–2 Bruten; Halbhöhlenbrüter; lockeres Nest aus Moos, Federn und Haaren in Baumhöhlen, Mauerlöchern, unter Dachvorsprüngen, in Spalieren und Halbhöhlen-Nistkästen.

< Haussperling S V–IX

Zwergschnäpper *Ficedula parva*

Familie Schnäpper *Muscicapidae*

34

Typisch Unser kleinster Schnäpper.
Merkmale Oberseite graubraun, heller Augenring, Unterseite rahmfarben, Seiten der Schwanzbasis auffallend weiß. Altes ♂ mit orangeroter Kehle und grauen Kopfseiten, einjährige ♂ an der Kehle nur rötlich überhaucht oder wie ♀ (rechts) ohne Rot. Jungvögel oberseits mit hellen Federrändern.
Stimme Ruft bei Beunruhigung melodisch „düi", häufig auch hoch „zit" oder an Zaunkönig erinnernd „zrrr". Der Gesang, eine abfallende, reintonige und etwas hoch pfeifende Folge, erinnert etwas an Fitisgesang „tink tink tink ...dlü tink dlü dlü dlü ..."
Vorkommen Brütet in alten, feuchten Laubwäldern, besonders in Buchenwald, gebietsweise auch in Parkanlagen, in Misch- und Nadelwald; östliche Art, die westwärts bis Norddeutschland und Südbayern (vor allem im Bergland bis rund 1300 m Höhe) verbreitet ist und nur an wenigen Stellen brütet.

Verhalten Zuckt häufig mit dem Schwanz und lässt dabei die Flügel hängen. Hält sich meist hoch in den Baumkronen auf, um nach Fliegenschnäppermanier Insekten zu fangen.
Nahrung Meist fliegende Insekten.
Brut Mai–Juli, 1 Brut; Moosnest in Halbhöhlen oder Nischen, meist hoch in Laubbäumen.

< Haussperling S V–IX

Trauerschnäpper *Ficedula hypoleuca* 35
Familie Schnäpper *Muscicapidae*

Typisch Zuckt häufig mit Flügeln und Schwanz.
Merkmale ♂ mit tiefschwarzer bis graubrauner Oberseite, deutlichem weißem Flügelfleck und weißem Stirnfleck. Schwarzweiße ♂ bei uns vorwiegend in den Alpen oder als Durchzügler aus nordischen Brutgebieten. ♀ (oben) stets mit graubrauner Oberseite, Unterseite und Flügelfleck schmutzig weiß. ♂ (kleines Foto) im Schlichtkleid wie ♀, aber mit dem weißlichen Stirnfleck.
Stimme Ruft bei Störung häufig scharf „bit", auch mehrfach gereiht, daneben hart „tk". Gesang auf- und absteigend „wu-ti-wu-ti-wu-ti", erinnert an den des Gartenrotschwanzes.
Vorkommen Brütet in Laub, Misch- und Nadelwald, in Parks und Gärten mit ausreichendem Nisthöhlenangebot; gebietsweise selten.
Verhalten Jagt fliegende Insekten von einer Warte aus, kehrt aber selten zum Ausgangspunkt zurück; nimmt Insekten auch vom Boden auf. Singt meist nur im Mai.
Nahrung Fliegende Insekten; im Herbst auch Beeren.
Brut Mai–Juni, 1 Brut; großes Nest aus Gräsern, Blättern und Moos, in Baumhöhlen oder Nistkästen.

< Haussperling S IV–IX

Halsbandschnäpper *Ficedula albicollis*

Familie Schnäpper *Muscicapidae* **36**

Typisch Das auffallende weiße Halsband des ♂.
Merkmale ♂ stets kontrastreich schwarzweiß, weißer Bürzel, größeres weißes Flügelfeld als beim Trauerschnäpper; ♀ (rechts) im Feld kaum sicher vom Trauerschnäpper-♀ zu unterscheiden, jedoch weißer Flügelfleck größer und deutlicher, Bürzelregion heller, Halsband angedeutet, ♂ im Schlichtkleid sehr ähnlich wie ♀.
Stimme Ruft hoch, gedehnt und voll „sieb", daneben hart und kurz „tek", auch mehrfach wiederholt. Gesang einfacher, langsamer und höher als der des Trauerschnäppers, zwischen den Strophen oft die typischen „sieb"-Rufe; „sit-sit-sit-sju-si-sju-trü-si-trü-si sieb".
Vorkommen Brütet in Laubwäldern und Parks mit altem Laubbaumbestand, in Friedhöfen, Obstgärten. Bei uns nur gebietsweise Brutvogel, fehlt fast völlig im Norden.
Verhalten Sehr ähnlich wie das des

Trauerschnäppers, jagt gewöhnlich im Kronenbereich der Bäume.
Nahrung Fast ausschließlich fliegende Insekten.
Brut Mai–Juli, 1 Brut; nistet wie der Trauerschnäpper in Baumhöhlen und in künstlichen Nisthöhlen. Wie auch bei der Zwillingsart wurde „Vielweiberei" nachgewiesen, d. h. ein ♂ kann mit mehreren ♀ verpaart sein.

< Haussperling S IV–IX

Feldschwirl *Locustella naevia*

Familie Zweigsänger *Sylviidae*

37

Typisch Der an die Grüne Laubheuschrecke erinnernde Gesang.

Merkmale Schlanker, deutlich abgerundeter Schwanz; Oberseite oliv- bis gelblich braun mit dunkler Fleckung, Unterseite weißlich, schwach gestreift. Jungvögel (kleines Foto) mit mehr rötlicher Oberseite. Bestimmung meist nur anhand des Gesangs möglich.

Stimme Ruft bei Erregung „tschek tschek", am Nest scharf „pitt pitt". Gesang weit hörbar, ein gleichmäßiges, mechanisches Schwirren auf derselben Tonhöhe, das leise beginnt und oft minutenlang anhält; nur schwer lokalisierbar. Singt auch nachts.

Vorkommen Brütet in dichtem Gebüsch in Sumpfgebieten, in hochgrasigen Feuchtwiesen, Bruch- und Auwäldern, aber auch auf Heideflächen, trockenen Waldlichtungen und sogar in Fichtenschonungen mit hohem Gras. Bei uns weit verbreitet.

Verhalten Scheu, lebt versteckt in dichtem Pflanzenwuchs.

Nahrung Insekten, Spinnen.

Brut Mai–Juli, 1–2 Bruten; tiefes Napfnest aus alten Blättern, Gras und Halmen, meist bodennah versteckt.

Der winzige **Cistensänger** *Cisticola juncidis* ist sehr seltener und unregelmäßiger Brutvogel Hollands, Belgiens und der Südschweiz. Gesang: scharf und hoch „dsip dsip ...", oft im Singflug.

< Haussperling S IV–IX

Rohrschwirl *Locustella luscinoides*

Familie Zweigsänger *Sylviidae*

38

Typisch Der schnurrende Gesang.
Merkmale Schwanz breit abgerundet, deutlich gestuft; Färbung nachtigallähnlich, ungefleckt.
Stimme Ruft bei Störung kurz „zik", am Nest „pit" oder hart schnarrende Folgen. Gesang deutlich tiefer als der des Feldschwirls und in kürzeren Strophen, oft mit einleitenden, sich beschleunigenden Elementen „tik tiktiktik ...örr"; klingt ähnlich wie der Gesang der Maulwurfsgrille.
Vorkommen Brütet in ausgedehnten Verlandungszonen an Gewässern mit Schilf, Rohrkolben und Binsen. Bei uns selten, fehlt gebietsweise.
Verhalten Lebt weniger versteckt als Feldschwirl; singt häufig hoch auf Schilfhalmen; zuckt oft mehrfach mit Flügeln und Schwanz.
Nahrung Insekten, Spinnen.
Brut Mai–Juli, 2 Bruten; großes Nest aus Schilfblättern, in dichtem Schilfbestand knapp über dem Wasser.

Beim ähnlichen **Schlagschwirl** *Locustella fluviatilis* (kleines Foto) sind Kehle und Brust zart längs gestreift. Lebt versteckt in unterholzreichen Auwäldern, Flussauen und anderen Sumpfgebieten. Gesang ausdauernd wetzend „dzedzedze ...". Östliche Art, die sich nach Westen ausbreitet; Westgrenze derzeit in Südbayern und Norddeutschland.

< Haussperling S IV–IX

Sumpfrohrsänger *Acrocephalus palustris* 39

Familie Zweigsänger *Sylviidae*

Typisch Der laute, wohlklingende und sehr abwechslungsreiche Gesang, eine Folge von brillanten Imitationen anderer Vogelarten, dazwischen immer wieder quirlende, quetschende und knarrende Töne eingestreut.
Merkmale Ohne Kenntnis der Gesänge im Feld kaum sicher vom Teichrohrsänger zu unterscheiden; Oberseite mehr olivbraun, Stirn nicht so flach.
Stimme Ruft bei Störung „tschak", „tuik" oder wetzend „wäd". Gesang ohne Strophengliederung, eine schnelle folge von Imitationen, häufig von Blau- und Kohlmeise, Amsel, Buchfink, Rauchschwalbe, Stieglitz, Bach- und Schafstelze, Feldlerche, Star, Haus- und Feldsperling, Wachtel sowie vieler anderer Vogelarten. Zusätzlich erlernen Sumpfrohrsänger auf dem Zug eine Vielzahl von Stimmen afrikanischer Vogelarten, die sie in ihren Gesang einflechten. Singt häufig auch nachts.
Vorkommen Brütet in üppigem Gebüsch an Gewässern, in Hochstaudenfluren und Brennnesseldickicht, in Getreide- und Rapsfeldern und in verwilderten Gärten. Bei uns weit verbreitet, nicht selten.
Nahrung Insekten, Spinnen.
Brut Mai–Juli, 1 Brut; Nest lockerer und flacher als beim Teichrohrsänger, meist in Hochstauden geflochten.

< Haussperling S V–IX

Teichrohrsänger *Acrocephalus scirpaceus*

Familie Zweigsänger *Sylviidae*

40

Typisch Kommt auch in schmalen Schilfstreifen vor.

Merkmale Sehr ähnlich dem Sumpfrohrsänger, im Feld nur an der Stimme sicher zu erkennen; Schnabel etwas feiner, Stirn flacher, Füße dunkler, Oberseitenfärbung mehr rötlich braun. Jungvögel beider Arten gleich gefärbt.

Stimme Ruft bei Störung hart „kra" oder wetzend „wäd". Gesang ähnlich dem des Drosselrohrsängers, aber leiser, weniger durchdringend, kontinuierlicher und schneller; häufig raue, kratzige und nasale Töne, die 2- bis 3mal wiederholt werden, z. B. „terete-tere-schirk-schirk-schirk-zerr-zerr-twi-twi".

Vorkommen Brütet im Schilf und in dichtem Ufergebüsch am Wasser; zur Zugzeit manchmal in wasserfernem Gebüsch. Bei uns weit verbreitet, meist der häufigste Rohrsänger im Schilf.

Nahrung Insekten, Spinnen.

Brut Mai–August, 1 Brut; stabiles, tiefmuldiges Nest zwischen senkrechte Schilfhalme geflochten, meist in 1–1,5 m Höhe gebaut.

Der etwas größere **Seidensänger** *Cettia cetti* (langer, breit gerundeter Schwanz, dunkel rotbraune Oberseite) lebt in dicht bewachsenen Feuchtgebieten und fällt vor allem durch seinen sehr lauten, plötzlich einsetzenden Gesang auf. Sehr seltener Brutvogel Hollands, Belgiens und der Südschweiz.

< Haussperling S V–IX

Drosselrohrsänger *Acrocephalus arundinaceus* 41

Familie Zweigsänger *Sylviidae*

Typisch Unser größter Rohrsänger, fast singdrosselgroß.

Merkmale Kräftiger langer Schnabel, flaches Kopfprofil, deutlicher Überaugenstreif.

Stimme Ruft bei Störung hart „karr", in Nestnähe „zäck zäck". Gesang sehr laut und rau, deutlich abgesetzte Strophen in mäßigem Tempo. Tiefe, knarrende Folgen wechseln mit hohen, wohltönenden ab, z. B. „karre-karre-karre-kiet-kiet-kiet drü-drü-drü dore dore ".

Vorkommen Brütet im Röhricht; vor allem in den zum Wasser weisenden Randbereichen von ausgedehnten Schilfwäldern an Seen, Teichen und Flüssen. Bei uns durch Lebensraumzerstörung selten geworden.

Verhalten Fliegt langsam und etwas schwerfällig, meist mit leicht gefächertem Schwanz. Klettert oft singend an Schilfhalmen empor.

Nahrung Insekten, Spinnen, Wasserinsekten, winzige Frösche.

Brut Mai–Juni, 1 Brut; stabiles Hängenest mit tiefer Mulde, aus Schilfblättern erbaut, meist bis 1 m hoch zwischen Schilfhalme geflochten. Das Baumaterial wird vorher ins Wasser getaucht, damit es sich leichter um die Rohrhalme schlingen lässt; nach dem Trocknen ist das fertige Nest sehr fest und hält auch stärkstem Wind stand.

> Haussperling S IV–IX

Schilfrohrsänger *Acrocephalus schoenobaenus* 42

Familie Zweigsänger *Sylviidae*

Typisch Startet häufig zu kurzen Singflügen, landet an einer anderen Stelle und singt dort weiter.
Merkmale Gestrichelte Oberseite, aber einfarbiger Bürzel; dunkler Scheitel und deutlicher weißlicher Überaugenstreif kennzeichnend.
Stimme Ruft bei Störung hart „zäck", „tsrr" oder schnarrend „karr". Gesang meist durch einige kurze „trr" eingeleitet, viel längere Strophen und schnelleres Tempo als Teichrohrsänger; dazwischen lange, wohltönende Tonfolgen, viele Imitationen.
Vorkommen Röhrichtgürtel, schilfdurchsetztes Weidengebüsch an Ufern und Gräben. Bei uns selten.
Nahrung Insekten und Spinnen.
Brut Mai–Juli, 1 Brut; umfangreiches Nest, meist bodennah im Schilf oder Weidengebüsch.
Der sehr ähnliche **Mariskenrohrsänger** *Acrocephalus melanopogon* (kleines Foto) hat eine kontrastreichere Kopffärbung; im Gesang nachtigallähnliche „düh"-Reihen. Brütet meist am Schilfrand. Seltener Brutvogel des österreichischen Burgenlandes.

Der **Seggenrohrsänger** *Acrocephalus paludicola* ist etwas gelblicher gefärbt als der Schilfrohrsänger, Scheitel dunkler, in der Mitte mit gelblichem Längsstreif. Lebt in ausgedehnten Seggenbeständen des nordöstlichen Mitteleuropas.

< Haussperling S IV–IX

Gelbspötter *Hippolais icterina*

Familie Zweigsänger *Sylviidae*

43

Typisch Der laute und raue Gesang mit vielen Imitationen.
Merkmale Gefieder auffallend gelblich; Gestalt rohrsängerartig, langer orangefarbener Schnabel.
Stimme Ruft häufig „dederiod" oder „tetedwi", bei Störung hart „tetete" oder sperlingsartig „err". Gesang ohne deutliche Strophengliederung, Klangfarbe rau, heiser und gequetscht, daneben wohltönende, pfeifende und lang gezogene Laute. Viele Imitationen, z. B. Star, Pirol, Buntspecht; viele Motive werden ein- oder mehrmals wiederholt. Singt meist versteckt in Baumkronen.

Vorkommen Brütet in lichtem Laub- und Mischwald, in Auwäldern, unterholzreichen Parks, Feldgehölzen und Gärten. Bei uns inzwischen selten.
Nahrung Insekten und Spinnen.
Brut Mai–Juli, 1 Brut; sauberes Napfnest aus Halmen, Blättern und Baumrinde, mit Gespinsten fest verfilzt, in Astgabeln von Büschen und Jungbäumen in 1–3 m Höhe.
Der etwas kleinere **Orpheusspötter** *Hippolais polyglotta* (links) hat deutlich kürzere Flügel; Gesang weniger schneidend, mehr kontinuierlich schwätzend, häufig Imitationen von Sperlingen. Brutvogel in der Südschweiz und in Südwestdeutschland.

< Haussperling S V–VII

Mönchsgrasmücke *Sylvia atricapilla*
Familie Zweigsänger *Sylviidae*

44

Typisch Der laut flötende Gesang mit großen Intervallsprüngen.
Merkmale Gefieder graubraun, im Herbst mehr grau, ♂ mit schwarzer, ♀ (oben links) mit rotbrauner, junge ♂ mit dunkel rotbrauner Kopfkappe.
Stimme ruft bei Störung hart „tak" oder „tzeck", bei starker Erregung schnell gereiht und schnarrend; vor dem Abfliegen oft leise „dididi". Der Gesang beginnt mit leise schwätzendem Vorgesang und geht plötzlich in laute, klare Flötentöne über („Überschlag"); in beiden Gesangsteilen Imitationen anderer Vogelarten möglich; gebietsweise ♂ mit reduziertem Überschlag, klingt wie „diladiladila".
Vorkommen Unsere häufigste Grasmücke; brütet in lichten Laub- und Nadelwäldern, Auwäldern, Fichtenschonungen, Parks und Gärten.
Verhalten Lebt versteckt in Bäumen und Gebüsch; das ♂ singt meist in dichtem Blattwerk verborgen.

Nahrung Insekten, deren Larven, Spinnen; im Herbst auch Beeren.
Brut Mai–Juli, 1–2 Bruten; zierliches Nest aus Stängeln, Grashalmen und Würzelchen; meist niedrig in dichtem Gebüsch gebaut.
Die etwas größere **Orpheusgrasmücke** *Sylvia hortensis* ist seltener Brutvogel der Südschweiz. Ihr Gesang klingt drosselartig volltönend.

< Haussperling S IV–X

Sperbergrasmücke *Sylvia nisoria*
Familie Zweigsänger *Sylviidae*

45

Typisch Die stechend gelben Augen und die „gesperberte" Unterseite.
Merkmale Große Grasmücke mit kräftigem Schnabel, 2 weißlichen Flügelbinden und schmalen weißen Schwanzseiten. ♀ (kleines Foto) mit weniger deutlich quer gebänderter Unterseite. Jungvögel mit schmutzig weißer Unterseite und fehlender oder nur angedeuteter Bänderung.
Stimme Ruft bei Störung ratternd „trtrtr" oder „örrr", daneben hart „tack tack". Gesang ähnlich dem der Gartengrasmücke, aber in kürzeren Strophen, dazwischen oft die typischen rauen „örrr"-Rufe.
Vorkommen Dornbuschreiche Waldränder, dornige Feldhecken, Wacholderheiden, verwilderte Parks mit Weißdorn und Schlehe; oft in Brutnachbarschaft mit dem Neuntöter. Vorwiegend östliche Art; bei uns seltener Brutvogel, fast nur im Nordosten.
Verhalten Meist in dichtem Gebüsch verborgen; die Bewegungen wirken plump; stelzt häufig den Schwanz. Singt auch im Singflug, steigt dazu mit weit ausholenden Flügelschlägen etwas auf, um dann gleich wieder die nächste Deckung anzusteuern.
Nahrung Insekten, Spinnen, im Herbst auch Beeren und Früchte.
Brut Mai–Juli, 1 Brut; großes, lockeres und tiefmuldiges Nest .

~ Haussperling S V–IX

Gartengrasmücke *Sylvia borin*

Familie Zweigsänger *Sylviidae*

46

Typisch Lebt versteckt, daher nur schwer zu beobachten.
Merkmale Wirkt plump; ohne besondere Kennzeichen; Kopf rundlich, Schnabel relativ kurz; Gefieder oberseits graubräunlich, Unterseite etwas heller, angedeuteter Augenstreif, Jungvögel mit mehr rotbrauner Oberseite.
Stimme Bei Störung anhaltende, taktmäßig wiederholte „wet-wet-wet"-Rufe, daneben ein raues „tscharr" und ein laubsängerartig weiches „uit". Gesang wohltönend und in langen Strophen, anhaltend „plätschernd", erinnert wegen der kräftigen orgelnden Motive an Amselgesang; die Strophen sind in der Tonlage tiefer als die der Mönchsgrasmücke. Imitiert manchmal Stimmen anderer Vogelarten, z. B. den Buchfinkenschlag. Singt bei Beunruhigung leise und gequetscht klingende Strophen.
Vorkommen Brütet häufig in dichtem, hohem Gebüsch, im Uferdickicht, an buschreichen Waldrändern, in unterholzreichen Wäldern und Parks; seltener in Gärten als die Mönchsgrasmücke. Im Gebirge bis rund 2000 m Höhe, dort oft in Erlengebüsch.

Nahrung Insekten, Spinnen, im Herbst viele Beeren.
Brut Mai–Juli, 1–2 Bruten; lockeres, unordentliches Nest aus Grashalmen und Würzelchen, oft niedrig in Brennnesseldickicht oder Brombeergestrüpp.

< Haussperling S V–IX

Dorngrasmücke *Sylvia communis*

Familie Zweigsänger *Sylviidae*

47

Typisch Der eilig zwitschernde, etwas rau klingende Gesang.

Merkmale Relativ langer Schwanz mit weißen Außenkanten; Färbung kontrastreich, schmaler weißer Augenring. ♀ (kleines Foto) matter gefärbt, mit bräunlicher Kopfkappe.

Stimme Ruft bei Störung „woid-woid-wid-wid", daneben hart „scharr" und gereiht „tschek". Gesang aus kurzen rauen, aber wohlklingenden Strophen, häufig mit Imitationen anderer Vögel. Im Singflug sind die Strophen länger, anhaltender und enthalten besonders viele Imitationen.

Vorkommen Brütet in dornigem Gestrüpp, in Feldhecken und Rainen mit einzelnen Dornbüschen, häufig an Bahndämmen, in aufgelassenen Kiesgruben und stark verwilderten Gärten. Bei uns weit verbreitet, aber Bestände seit Jahrzehnten niedrig.

Verhalten Sehr lebhaft; singt oft mit gesträubtem Scheitel- und Kehlgefieder auf einer Buschspitze, startet von dort aus zu kurzen, tänzelnden Singflügen, um gleich wieder in die schützende Deckung zurückzukehren.

Nahrung Insekten und Spinnen; im Herbst auch Beeren.

Brut Mai–Juli, 1–2 Bruten; tiefmuldiges, wenig stabiles Nest aus trockenen Halmen und Wurzeln, meist unter 1/2 m hoch.

< Haussperling S IV–IX

Klappergrasmücke *Sylvia curruca* 48

Familie Zweigsänger *Sylviidae*

Typisch Der klappernde Gesang.
Merkmale Kleinste heimische Grasmücke; aus der Nähe erkennt man die von der weißen Kehle scharf abgesetzten, maskenhaft schwärzlichen Wangen und den relativ kurzen Schwanz; Flügel ohne Rotbraun (vgl. Dorngrasmücke).
Stimme Ruft oft „tjäck", bei Störung ein unregelmäßig wiederholtes „tack", bei Auftauchen eines Flugfeindes kurz „wäd". Gesang aus zwei Teilen Auf einen leisen, eilig schwätzenden Vorgesang folgt ein laut schmetterndes Klappern auf gleicher Tonhöhe. Der Vorgesang ist nur aus der Nähe zu hören, er beginnt sehr hoch.

Vorkommen Brütet in halb offener Landschaft mit dichtem Buschwerk, an Waldrändern, in Fichten- und Kiefernschonungen, in Parks und Gärten, im Gebirge bis zur oberen Latschenregion. Bei uns weit verbreitet, meist selten.
Verhalten Wenig auffällig, lebt versteckt; der Flug wirkt ruckartig und huschend. Singt häufig in kurzen Pausen während der Insektensuche oder von einer Warte aus, gelegentlich auch in kurzem, horizontal verlaufendem Singflug.
Nahrung Insekten und Spinnen, im Herbst auch Beeren.
Brut Mai–Juli, 1 Brut; zierliches, flaches Nest aus feinen Reisern, trockenem Gras und Würzelchen, in 0,5–1 m Höhe in jungem Nadelbaum.

< Haussperling S IV–X

Berglaubsänger *Phylloscopus bonelli* 49

Familie Zweigsänger *Sylviidae*

TYPISCH Die kurze Schwirrstrophe.
MERKMALE Gefieder unauffällig, oberseits graubraun, unterseits weißlich, Flügelbug gelb, Bürzel oft mit auffallendem, gelblichem Fleck.
STIMME Ruft bei Erregung deutlich zweisilbig „dü-id" oder „düi-e". Gesang eine kurze, trillernde Schwirrstrophe, ähnlich der des Waldlaubsängers, aber ohne die einleitenden, sich beschleunigenden Elemente und etwas langsamer; von weitem mit dem Gesang der Klappergrasmücke zu verwechseln.

VORKOMMEN Brütet in lichten Kiefern-, Lärchen- und Laubwäldern, häufig an trockenen, unterholzreichen Südhängen, im Gebirge bis zur Baumgrenze. Bei uns bis auf wenige Ausnahmen nur in den Bayerischen Alpen und in Baden-Württemberg Brutvogel.
VERHALTEN Singt von Warten, oft hoch in Bäumen, nicht im Singflug.
NAHRUNG Insekten und Spinnen.
BRUT Mai–Juni, 1 Brut; ovales Backöfchennest meist in einer Bodenmulde unter Gras versteckt.
Der ähnliche **Grünlaubsänger** *Phylloscopus trochiloides* hat einen ausgeprägten, hellen Überaugenstreif und eine schmale Flügelbinde. Brutvogel in Nordostdeutschland und Polen. Gesang relativ laut, aus 3 Teilen.

< Haussperling S IV–IX

Waldlaubsänger *Phylloscopus sibilatrix* 50

Familie Zweigsänger *Sylviidae*

Typisch Häufig im Buchenwald.

Merkmale Etwas größer und langflügeliger als Zilpzalp; Kehle und Brust gelb, übrige Unterseite kontrastreich abgesetzt weiß, gelber Überaugenstreif. Im Sommer nach der Mauser deutlich blasser, wie auch manche Jungvögel.

Stimme Bei Erregung häufig ein weiches „düh" oder sanft „witwitwit". Gesang eine abfallende, trillernde Schwirrstrophe, von einigen „sib" eingeleitet, klingt wie „sip-sipsip-sipsirr ...", daneben häufig pfeifend melancholisch „düh düh düh düh".

Vorkommen Brütet in nicht zu dichtem Laub- und Mischwald mit spärlichem Unterwuchs, vor allem im Buchenwald, selten in reinem Nadelwald; im Gebirge bis 1500 m Höhe. Bei uns weit verbreitet, nicht selten.

Verhalten Lebt unter dem Blätterdach von altem, hochstämmigem Laubwald; singt meist auf einem exponierten Ast oder in horizontalem Singflug, langsam und mit schwirrenden Flügeln von Ast zu Ast fliegend; oft gut zu beobachten, aber meistens von unten.

Nahrung Insekten, deren Entwicklungsstadien, und Spinnen.

Brut Mai–Juli, 1 Brut, manchmal auch 2 Bruten; fast kugelförmiges „Backöfchennest" aus Gras, Blättern und manchmal Farn, in niedrigem Bewuchs und oft durch altes Laub getarnt.

< Haussperling S IV–IX

Zilpzalp *Phylloscopus collybita*
Familie Zweigsänger *Sylviidae* **51**

Typisch Der wie „zilp zalp“ klingende Reviergesang.
Merkmale Sehr ähnlich wie Fitis, wirkt aber weniger schlank; Flügel kürzer, Kopf etwas rundlicher; in der Regel mit dunklen Beinen, Oberseite meist weniger gelb, sondern olivbraun; Unterseite weißlich Oberseite bei Jungvögeln (kleines Foto) mehr braun.
Stimme Ruft bei Erregung einsilbig „hüid“, lauter und etwas härter als der Fitis. Gesang monoton und unregelmäßig, klingt wie „zilp zalp zelp zilp zalp“, zwischen den Strophen oft ein gedämpftes „trr-trr“. Singt häufig auch im Herbst. (Manche Fitisse bringen neben ihrem eigenen Gesang auch den des Zilpzalps.)
Vorkommen Brütet in unterholzreichem Laub- und Mischwald, in Auwald und dichtem, hohem Gebüsch, in Parks und Gärten; im Gebirge bis über die Baumgrenze. Bei uns überall häufig.
Verhalten Wirkt durch sein rastloses Benehmen und das ständige Flügelzucken hektisch. Singt häufig in Baumkronen, schlägt bei jedem Ton den Schwanz taktmäßig nach unten.
Nahrung Kleine Insekten, Spinnen.
Brut April–Juli, 1–2 Bruten; Backöfchennest ähnlich wie beim Fitis, aber etwas lockerer und mit vielen trockenen Blättern, meist in dichtem, bodennahen Gestrüpp versteckt.

< **Haussperling S III–X**

Fitis *Phylloscopus trochilus*

Familie Zweigsänger *Sylviidae*

52

TYPISCH Die weichen, schwermütigen Gesangsstrophen.
MERKMALE Wirkt schlank und zart; vom sehr ähnlichen Zilpzalp am besten durch den Gesang zu unterscheiden; Gefieder insgesamt etwas gelblicher, gelblicher Überaugenstreif etwas deutlicher. Beine in der Regel (aber nicht immer) hellbraun. Jungvögel unterseits einheitlich gelblich.
STIMME Ruft bei Erregung weich und meist deutlich zweisilbig „hü-id". Gesang flötend und schwermütig, eine klangreine, abfallende Strophe wie „titidje-djü-düe-düi-dju", im Tonhöhenverlauf ähnlich dem Buchfinkenschlag, aber viel zarter und leiser.
VORKOMMEN Brütet in lichten Laub- und Mischwäldern, in Schonungen, baumbestandenen Feuchtgebieten, Weidengebüsch, an Gewässerufern, in Parks und Gärten mit Birkenbestand. Bei uns überall häufig.
VERHALTEN Hüpft und flattert in dichtem Blattwerk umher, aber nicht so rastlos wie der Zilpzalp. Singt häufig auf freistehenden Ästen oder Spitzen von Jungbäumen, vor allem im Mai.

NAHRUNG Kleine Insekten, Spinnen.
BRUT Mai–Juni, 1–2 Bruten; überdachtes Nest aus Gras und Moos, innen reichlich mit Federn gepolstert („Backöfchennest"), zwischen hohem Gras oder unter tief hängenden Zweigen.

< Haussperling S IV–X

Wintergoldhähnchen *Regulus regulus* 53

Familie Goldhähnchen *Regulidae*

Typisch Neben Sommergoldhähnchen kleinste Vogelart Europas.
Merkmale Oberseite olivgrün; Scheitel beim ♂ (kl. Foto) leuchtend gelb mit einigen (oft verborgenen) orangeroten Federn in der Mitte, beim ♀ (oben) einheitlich und heller gelb; kein Augen- oder Überaugenstreif. Jungvögel ohne die gelb-schwarze Scheitelzeichnung.
Stimme Ruft häufig sehr hoch und fein, aber durchdringend „sri-sri-sri-sri". Gesang aus kurzen, sehr hohen und dünnen Strophen, im Gegensatz zur Zwillingsart Strophen ohne Crescendo, sondern auf- und abschwingend und mit einem deutlich abgesetzten, etwas tieferen Schlussteil.
Vorkommen Brütet in dichtem Nadelwald oder in Nadelbäumen, die in Mischwäldern, Parks und Gärten stehen; während des Zuges auch in dichtem Gebüsch und in Laubbäumen. Bei uns weit verbreitet, häufig.
Verhalten Turnt bei der Nahrungssuche mehr an der Unterseite der Zweige als die Zwillingsart. Gesellig, außerhalb der Brutzeit oft mit Tannen- und Haubenmeisen in gemischten Trupps.
Nahrung Kleinste Insekten, deren Entwicklungsstadien, Spinnen.
Brut April–Juni, 2 Bruten; dickwandiges Napfnest, ähnlich dem des Sommergoldhähnchens in die Astgabel eines Nadelbaumes gebaut.

< Haussperling T I–XII

Sommergoldhähnchen *Regulus ignicapillus* 54
Familie Goldhähnchen *Regulidae*

Typisch Der schwarze Augenstreif und der weißliche Überaugenstreif; insgesamt lebhaftere Färbung als das Wintergoldhähnchen, sehr klein.
Merkmale Oberseite leuchtend gelblich grün, Unterseite heller als beim Wintergoldhähnchen. Scheitel beim ♂ (kleines Foto) orangerot, beim ♀ gelb. Jungvögel ohne „Krönchen", aber mit dunklem Augenstreif.
Stimme Ruft sehr hoch und scharf „sisisi". Gesang eine crescendomäßig anschwellende, aber auf gleicher Tonhöhe bleibende, kurze Strophe aus sehr hohen, dünnen Tönen mit betontem Endteil, klingt wie „sisisisisisirr".

Vorkommen Brütet im Nadelwald, aber nicht so ausschließlich an Koniferen gebunden wie das Wintergoldhähnchen; auch in Friedhöfen, Parks, Gärten und Gebüsch; während des Zuges auch in niedrigen Büschen. Bei uns weit verbreitet und häufig.
Verhalten Lebt verborgen in dichtem Nadelwald, jedoch nicht scheu. Nahrungssuche häufig auf der Oberseite von Zweigen, rüttelt auch vor Zweigspitzen. Wenig gesellig.
Nahrung Kleinste Insekten, deren Entwicklungsstadien, Spinnen.
Brut Mai–Juli, 2 Bruten; dickwandiges, tiefmuldiges Nest aus Moos und Gespinsten, an der Unterseite von Nadelbaumzweigen, meist gut versteckt.

< Haussperling S III–XI

Bartmeise *Panurus biarmicus*

Familie Timalien *Timaliidae*

55

Typisch Der auffällig lange, zimtbraune Schwanz. ♂ oben, ♀ kleines Foto.

Merkmale Gefieder überwiegend zimtbraun; ♂ mit grauem Kopf und breitem, schwarzem Bartstreif, Augen und Schnabel gelb; ♀ (unten) ohne die auffällige Kopf- und Halszeichnung, Schnabel bräunlich. Jungvögel ähnlich ♀, aber mit schwarzen Partien auf der Oberseite und an den Schwanzseiten.

Stimme Ruft im Flug häufig nasal „dsching", oft auch gereiht; bei Störung kurz „pik" oder „pik pik". Gesang leise Strophen aus rufähnlichen Motiven wie „dsching-dschik-pit-tschräd".

Vorkommen Brütet in ausgedehnten Schilfbeständen. In Mitteleuropa seltener und meist unregelmäßiger Brutvogel mit starken Bestandsschwankungen wegen der oft hohen Winterverluste. Größere Vorkommen in Holland, Norddeutschland, Polen und am Neusiedler See; in Südwestdeutschland unstete Brutansiedlungen.

Nahrung Insekten, im Winter vorwiegend Schilfsamen.

Brut April–Juli, 2–3 Bruten; großes, napfförmiges Nest mit tiefer Mulde im dichten Schilfgewirr knapp über dem Grund; brütet oft in Kolonien.

~ Haussperling J I–XII

Schwanzmeise *Aegithalos caudatus* 56
Familie Schwanzmeisen *Aegithalidae*

Typisch Der sehr lange, stufige Schwanz, der über die Hälfte der Körperlänge ausmacht.
Merkmale Mitteleuropäische Unterart (kleines Foto) mit breitem, schwärzlichem Überaugenstreif, nördliche und östliche Unterart mit reinweißem Kopf (oben). Jungvögel mit kürzerem Schwanz und dunklen Wangen.
Stimme Ruft häufig „tsri", „sisisi" oder „sitrr", bei Erregung oft „tserr" oder „tschrrt", im Flug leise und ständig „pt". Gesang selten zu hören, ein leises Potpourri aus zirpenden, zwitschernden und trillernden Lauten.
Vorkommen Brütet in unterholzreichen Wäldern, besonders an Gewässern; in Feld- und Moorgehölzen, Parks und Gärten. Bei uns mäßig häufig.
Verhalten Sehr gesellig, außerhalb der Brutzeit in kleinen Trupps, die durch ständigen Rufkontakt eng zusammenhalten; der Flug wirkt hüpfend.
Nahrung Kleine Insekten, Spinnen.

Brut April–Juni, 1–2 Bruten; sehr kunstvolles, eiförmiges Nest aus Moos, Flechten, Pflanzenwolle, Gespinsten, Federn und Haaren, in Bäumen oder hoch im Gebüsch, meist gut versteckt. Bei der Fütterung der nicht selten mehr als zehn Jungen helfen oft Artgenossen.

< Haussperling T I–XII

Sumpfmeise *Parus palustris*

Familie Meisen *Paridae*

57

Typisch Die glänzend schwarze, nicht so ausgedehnte Kopfplatte.
Merkmale Etwa blaumeisengroße „Graumeise" mit hellen Wangen und kleinem, schwarzem Kehllatz. Jungvögel mit mattschwarzer Kopfplatte.
Stimme Ruft häufig „zidjä", „pistjü" oder „pistja dädädädädä", die „dä"-Laute viel weniger gedehnt als bei der Weidenmeise. Gesang aus klappernden Strophen, z. B. „tjitjitjitji ...", „zjezjezje ..."; ein ♂ wechselt zwischen mehreren Strophentypen ab.
Vorkommen Brütet in Laub- und Mischwäldern, Feldgehölzen, Parks und Gärten; meist an trockeneren Stellen als die Weidenmeise. Bei uns weit verbreitet und meist häufig.
Verhalten Besucht im Unterschied zur Weidenmeise häufig Futterhäuschen; nimmt dort gerne Hanfsamen, von denen sie oft mehrere im Schnabel aufgereiht transportiert und dann einzeln in Rindenspalten, zwischen dürren Blättern oder an anderen Stellen versteckt.
Nahrung Insekten, deren Larven, Spinnen, Samen von Disteln und anderen Kräutern und Gräsern.
Brut April–Mai, 1 Brut; Nest aus Moos, Haaren und Federn in Baumhöhlen, ausgefaulten Astlöchern, zwischen Baumwurzeln, brüten nur selten in Nistkästen.

< **Haussperling J I–XII**

Weidenmeise *Parus montanus* 58
Familie Meisen *Paridae*

Typisch Die nasalen und gedehnten „däh"-Rufe.
Merkmale Sehr ähnlich der etwa gleich großen Sumpfmeise, aber Kopfplatte mattschwarz; diese reicht weiter in den Nacken und bewirkt ein dickköpfigeres Aussehen; Kehllatz zur Brust hin etwas ausgedehnter, Flanken etwas dunkler. Nur bei der Weidenmeise ein helles Flügelfeld (rechts), das im Frühjahr jedoch allmählich verschwindet.
Stimme Typischer Ruf ist ein gedehntes, nasales „däh-däh-däh", oft auch „zi-zi-däh-däh-däh". Gesang: reintonige, etwas absinkende „zjü-zjü-zjü ..."-Reihen; die Alpenform der Weidenmeise singt auf gleicher Tonhöhe bleibend „zie-zie-zie ...". Gelegentlich ein grasmückenartiges Geschwätz.
Vorkommen Brütet in Wäldern auf sumpfigem Boden, besonders mit Erlen-, Weiden- und Birkenbestand, aber auch auf trockenen Lichtungen mit Jungwald; seltener in Gärten und Parks

als die Sumpfmeise; die Alpenform besiedelt Nadel- und Mischwald bis zur Latschenregion. Bei uns in den Alpen und gebietsweise im Tiefland häufig.
Nahrung Insekten, deren Larven, Spinnen, kleine Samen.
Brut April–Mai, meist 1 Brut; dürftiges Nest aus Holzteilchen, Moos und Tierhaaren; zimmert meist eine Höhle in morsches Holz von Laubbäumen.

< Haussperling J I–XII

Tannenmeise *Parus ater*

Familie Meisen *Paridae*

59

Typisch Kleinste einheimische Meise, knapp blaumeisengroß.
Merkmale Relativ großer Kopf, auffallend weiße Wangen, großer weißer Nackenfleck. Bei Jungvögeln (kleines Foto) Unterseite und Wangen gelblich.
Stimme Kontaktrufe hoch und dünn „si" oder „zizizi", bei Erregung hoch und etwas nasal „tüi" oder „sitjü". Gesang: zarte Strophen wie „zewizewizewi" oder „sitüi-sitüi-sitüi". Der Gesang ist das ganze Jahr über zu hören, auch die ♀ singen nicht selten.

Vorkommen Brütet in Fichten- und Tannenwald, seltener in Kiefernwald, vom Tiefland bis zur Baumgrenze, ebenfalls in Parkanlangen und Gärten ; außerhalb der Brutzeit auch in Laubwäldern. Bei uns überall häufig.
Verhalten Turnt zur Nahrungssuche oft hoch in Nadelbäumen herum, bewegt sich rastlos, flink und geschickt. Außerhalb der Brutzeit häufig mit anderen Meisenarten und mit Wintergoldhähnchen in gemischten Trupps; besucht häufig Futterhäuschen.
Nahrung Insekten, deren Larven, Spinnen, Nadelbaumsamen, Nüsse.
Brut April–Juni, 2 Bruten; verfilztes Nest aus Moos und Spinnweben, mit Pflanzenwolle und Haaren gepolstert; nistet in Baumhöhlen, Baumstubben, Erd- und Mauerlöchern und in nicht zu hoch aufgehängten Nistkästen.

< Haussperling J I–XII

Haubenmeise *Parus cristatus*

Familie Meisen *Paridae* **60**

TYPISCH Die schwarzweiß gesprenkelte Federhaube.

MERKMALE Oberseite braun, Unterseite weißlich mit rahmfarbenen Flanken, Jungvögel (unten) mit kürzerer und matter gefärbter Haube.

STIMME Ruft bei Erregung häufig schnurrend und rollend „gürrr" oder „zi-zi-gürrrr-r". Gesang: eine Folge der arttypischen Rufe, selten auch ein variables Schwätzen.

VORKOMMEN Brütet im Kiefern-, Fichten- und Tannenwald bis zur Baumgrenze, auch in kleinen Nadelwaldinseln im Laubwald; sehr standorttreu. Bei uns weit verbreitet, aber deutlich seltener als die Tannenmeise.

VERHALTEN Turnt wie die Tannenmeise oft hoch auf Nadelbäumen, aber mehr in Deckung, daher nicht so leicht zu beobachten; wenig gesellig, auch außerhalb der Brutzeit in der Regel paarweise; erscheint an Futterhäusern nur im Nadelwald.

NAHRUNG Insekten, deren Larven, Spinnen, Nadelbaumsamen, Nüsse.

BRUT April–Juni, 1–2 Bruten; Nest aus Moos und Flechten, innen mit Wolle und Haaren ausgekleidet; nistet in engen Baumhöhlen, in Baumstümpfen, gelegentlich auch in alten Eichhornkobeln und sogar in bewohnten Greifvogelhorsten. Die Meisen zimmern sich ihre Bruthöhlen meistens selbst.

< Haussperling | I–XII

Blaumeise *Parus caeruleus*

Familie Meisen *Paridae*

61

TYPISCH Der einzige einheimische Kleinvogel mit blau-gelbem Gefieder.
MERKMALE Klein und gedrungen mit kurzem Schnabel; ♀ etwas blasser, mit grünlich brauner Oberseite und gelben Wangen. Jungvögel noch blasser.
STIMME Ruft bei Störung häufig nasal ansteigend „tserretetet", daneben „tsi-tsi-tsi". Gesang: Strophen von sehr hellen und reinen Tönen, auf die tiefere, trillernde Reihen folgen wie „zii-zii-tütütütü ..." oder „zizizizizirr".

VORKOMMEN Brütet in Laub- und Mischwäldern, besonders mit Eichenbestand, in Feldgehölzen, Parks und Gärten. Im Winter zur Nahrungssuche häufig im Schilf. Bei uns überall häufig.
VERHALTEN Sehr lebhaft; turnt geschickt an dünnen Zweigen, auch mit dem Bauch nach oben; wenig scheu; außerhalb der Brutzeit oft in gemischten Meisentrupps. Singt bereits ab Februar, fliegt während der Balz oft kurze Strecken in schmetterlingsartigem Segelflug.
NAHRUNG Insekten, deren Larven, Spinnen, feine Samen; Talg, Nüsse.
BRUT April–Juni, 1–2 Bruten; filziges Nest aus weichen Pflanzenteilen, Wolle, Haaren und Federn; in Baumhöhlen, Nistkästen, Mauerlöchern, gelegentlich auch in Briefkästen oder an ähnlichen ausgefallenen Standorten.

< Haussperling J I–XII

Kohlmeise *Parus major*

Familie Meisen *Paridae*

62

Typisch Die größte und häufigste einheimische Meise.

Merkmale Auffällig schwarzweißer Kopf, gelbe Unterseite mit breitem (♂ kleines Foto) oder mit schmalem (♀ oben) Längsstreif in der Mitte. Jungvögel mit gelblichen Wangen, sonst am Kopf schwarzbraun gefärbt, insgesamt weniger kontrastreich.

Stimme Vielseitiges Repertoire; ruft häufig buchfinkenartig „pink“ oder „zi-pink“, Warnruf schnarrend „tscher-r-r-r“ oder „terrr terrr“; daneben „zituit“ und gedehnt „sii“; ahmt häufig die Rufe von Blau-, Sumpf- und Tannenmeise nach. Gesang: einfache Strophen von mehrfach wiederholten Motiven, z. B. „zi-zi-be-zi-zi-be“ oder „zipe zipe“.

Vorkommen Brütet in Wäldern aller Art, in Parks und Gräten, auch mitten in der Großstadt.

Verhalten Wenig scheu; gebietsweise sogar futterzahm; häufiger als andere Meisen auf dem Boden; besucht häufig Futterstellen.

Nahrung Insekten, deren Larven, Spinnen, Samen, Nüsse, Talg.

Brut April–Juli, 1–2 Bruten; Nest aus Moos, Wurzeln, Halmen und Wolle, innen mit Haaren und Pflanzenwolle ausgepolstert; meist in Baumhöhlen, Mauerlöchern und Nistkästen.

< Haussperling J I–XII

Beutelmeise *Remiz pendulinus* 63
Familie Beutelmeisen *Remizidae*

Typisch Das an einer Zweigspitze hängende Beutelnest.
Merkmale Nur knapp blaumeisengroß; einziger Kleinvogel mit kastanienbraunem Rücken; auffallende schwarze Gesichtsmaske. ♀ (kl. Foto) weniger kontrastreich gefärbt; Jungvögel ohne schwarze Gesichtszeichnung.
Stimme Ruft hoch und gezogen „ziih" oder „siiüü", ähnlich dem Ruf der Rohrammer, aber dünner und reiner. Gesang: leise und abwechslungsreiche Strophen, die häufig den „siiüü"-Ruf und kürzere Folgen von „tlü"-Lauten enthalten.
Vorkommen Brütet im Auwald, im Uferdickicht mit Weiden- und Pappelbeständen an Teichen, Flüssen und Seen. Vorwiegend im östlichen Mitteleuropa, bei uns selten und vielfach unstet, aber im Zunehmen begriffen und neuerdings auch in den westlichen Landesteilen Brutvogel; außerhalb der Brutzeit wesentlich häufiger, im Winter jedoch nur ausnahmsweise.
Verhalten Turnt meisenartig geschickt im Gezweig, sucht im Sommer meist hoch in Laubbäumen Nahrung.
Nahrung Kleine Insekten, Spinnen; im Winter auch Samen.
Brut April–Juni, 1 Brut; filziges, an einem Zweigende frei hängendes Beutelnest mit einer Einflugröhre, häufig über dem Wasser gebaut.

< **Haussperling T, (W) II–XI**

Kleiber *Sitta europaea*

Familie Kleiber *Sittidae*

64

Typisch Gedrungen und mit kurzem Schwanz; starker, an Spechte erinnernder Schnabel.
Merkmale Oberseite und Scheitel blaugrau, Unterseite rahmgelb, Flanken beim ♂ kastanienbraun und deutlich gegen die Unterseitenfärbung abgesetzt, beim ♀ (oben) nur schwach abgesetzt, heller braun.
Stimme Ruft häufig „twit twit twit", „tui tutui" oder (bei Störung) scharf „titi-tsirr". Gesang weit hörbar, pfeifend und trillernd „wiwiwiwiwiwiwi ...", „tuituituitui ..." oder hoch „trirrr ...".

Vorkommen Brütet vor allem in Laub- und Mischwäldern, in Feldgehölzen, Parks und Gärten; in den Alpen bis in rund 1700 m Höhe. Bei uns weit verbreitet und häufig.
Verhalten Klettert unermüdlich an Stämmen und Ästen, auch an der Unterseite und sogar abwärts mit dem Kopf nach unten. Besucht oft Futterhäuschen in Wald- und Parknähe. Wenig gesellig, auch außerhalb der Brutzeit meist paarweise.
Nahrung Insekten, deren Larven, grobe Samen, Nüsse, Talg.
Brut April–Juni, 1 Brut; Nest aus großen Mengen feiner Rindenstücke (vor allem Kiefernspiegelrinde) und trockenen Blättern; nistet in Spechthöhlen und Nistkästen; zu große Höhleneingänge werden bis auf ein kleines Schlupfloch mit Lehm zugemauert.

~ Haussperling J I–XII

Gartenbaumläufer *Certia brachydactyla*

Familie Baumläufer *Certhiidae*

65

TYPISCH Der Gesang, eine kurze, ansteigende Strophe.
MERKMALE Größe wie Blaumeise, schlank; langer zarter, abwärts gebogener Schnabel, langer Stützschwanz, Gefieder oberseits rindenfarbig graubraun, unterseits weißlich mit bräunlichen Flanken.
STIMME Ruft oft laut und hoch „tüt" oder „tüt tüt tüt", daneben hoch „sri". Gesang: kurze, laute Strophe aus ansteigenden hohen und feinen Pfeiftönen wie „tütütütütiroiti".

VORKOMMEN Brütet in lichtem Laub- und Mischwald, besonders mit Eichen, Ulmen und Eschen, in Parks und Gärten mit alten Laubbäumen und in Streuobstflächen; in den Alpen oberhalb 800 m Höhe selten, ab 1300 m fehlend. Bei uns weit verbreitet und meist häufig.
VERHALTEN Klettert bei der Nahrungssuche in kleinen Sprüngen an Baumstämmen hoch, oben angekommen fliegt er zum Fuß eines anderen Baumes. Nicht sehr gesellig, im Winter Schlafgemeinschaften.
NAHRUNG Kleine Insekten und deren Larven, Spinnen; im Winter auch kleine Samen und Talg an Futterstellen.
BRUT April–Juli, 1–2 Bruten; Nest aus Reisern, Halmen und Moos, hinter abstehender Baumrinde, in Baum- und Mauerspalten oder in speziellen Baumläufer-Nistkästen.

< Haussperling J I–XII

Waldbaumläufer *Certhia familiaris*

Familie Baumläufer *Certhiidae*

66

Typisch Der Gesang, eine zweiteilige, abfallende Tonreihe.
Merkmale Vom Gartenbaumläufer am besten anhand der Stimme zu unterscheiden; Schnabel meist etwas kürzer und weniger gebogen, der weiße Überaugenstreif ist deutlicher ausgeprägt, der Oberkopf stärker hell gestreift, die Unterseite ist reinweiß, die Oberseite heller, der Bürzel rostbraun.
Stimme Ruft hoch und etwas vibrierend „srii", oft gereiht, bei Gefahr „srii-tsi-tsitsi", im Flug „tititi". Gesangstrophen länger und leiser als beim Gartenbaumläufer, eine abfallende Reihe aus zwei Trillern, von denen der erste sehr hoch beginnt und langsam abfällt, der zweite fast ebenso hoch beginnt, jedoch schneller abfällt.

Vorkommen Brütet in größeren Nadelwaldgebieten, aber auch in Mischwald; seltener in Parks und Gärten mit Nadelbaumbestand; in den Alpen bis zur Baumgrenze. Bei uns häufig.
Verhalten Streift außerhalb der Brutzeit oft mit Meisentrupps umher.
Nahrung Insekten, deren Larven, Spinnen; feine Samen, Talg.
Brut April–Juli, 1–2 Bruten; Nest aus Reisern, Moos und Halmen hinter abstehender Rinde, in Baumspalten oder in Nistkästen mit seitlichem, schlitzförmigem Einschlupfloch.

< Haussperling J I–XII

Pirol *Oriolus oriolus*

Familie Pirole *Oriolidae*

67

TYPISCH Die auffallende gelb-schwarze Färbung und der leicht nachzupfeifende Gesang des ♂.

MERKMALE Ohne Kenntnis der Stimme oft schwer zu entdecken. ♂ unverkennbar schwarz und gelb, ♀ (oben links) und Jungvögel (unten) mit grünlicher Oberseite und hellgrauer, schwach gestreifter Unterseite, Flügel und Schwanz schwarzbraun.

STIMME Ruft bei Beunruhigung rau und gepresst „krää" oder „grewäh". Gesang: ein angenehm flötendes, leicht nachzupfeifendes „düdlio".

VORKOMMEN Brütet in alten Laubwäldern, in Auwäldern, Parks und Alleen mit altem Laubbaumbestand; gebietsweise auch in Kiefernwald; bei uns im Flachland weit verbreitet, aber nicht häufig und vielerorts fehlend.

VERHALTEN Scheu; lebt zur Brutzeit sehr versteckt im Blätterdach der Bäume. Fliegt schnell und in großen, flachen Bögen, das letzte Stück, bevor er in einer Baumkrone landet, pfeilartig und mit angelegten Flügeln.

NAHRUNG Größere Insekten, deren Larven (Raupen), Beeren, Obst.

BRUT Mai–Juli, 1 Brut; kunstvolles Napfnest aus Grashalmen, Bast und manchmal Papier, in eine Astgabel oder zwischen zwei waagrechte Zweige geflochten, meist hoch auf Laubbäumen.

< Amsel S V–IX

Raubwürger *Lanius excubitor*

Familie Würger *Laniidae*

68

TYPISCH Der breite, schwarze Augenstreif, der durch einen schmalen weißen Bereich von der Oberkopffärbung getrennt ist.

MERKMALE Deutlich größer als der Neuntöter; Flügel relativ kurz, Schwanz ziemlich lang und etwas gestuft, das Gefieder wirkt aus der Ferne hell schwarzweiß, erinnert etwas an Elster. ♀ mit mehr oder weniger feiner Wellenmusterung auf der Brust. Jungvögel unterseits dunkel quer gewellt.

STIMME Ruft scharf zwei- oder dreisilbig „wääd" oder „schrrie", manchmal elsterähnliches Schackern. Der Gesang besteht aus kurzen Strophen, klingt oft metallisch oder vibrierend, daneben auch kontinuierliche, schwätzende Gesangsformen mit Imitationen.

VORKOMMEN Brütet in Moor- und Heidegebieten mit Baumgruppen, in Heckenlandschaften und Obstgärten. Bei uns durch Lebensraumzerstörung selten geworden.

VERHALTEN Flug langsam, rüttelt oft. Klemmt bei Nahrungsüberschuss Beutetiere in Astgabeln ein oder spießt sie auf Dornen und Stacheldraht auf.

NAHRUNG Großinsekten, Vögel, Mäuse, Spitzmäuse, Eidechsen.

BRUT April–Juni, 1 Brut; stabiles Nest aus Zweigen, Moos und Halmen in höheren Büschen oder hoch auf einzeln stehenden Bäumen.

< Amsel T I–XII

Neuntöter *Lanius collurio*

Familie Würger *Laniidae*

69

Typisch Sitzt in aufrechter Haltung exponiert auf Buschspitzen.

Merkmale ♂ auffällig gefärbt, der dicke schwarze Augenstreif ist oft schon von weitem erkennbar; ♀ (kleines Foto) mit rotbrauner Oberseite und heller, quer gewellter Unterseite. Jungvögel mit kräftiger Schuppenzeichnung.

Stimme Ruft bei Störung „dschää", „gäck" oder hart „trrt-trrt", oft auch nasal „dewewi". Gesang selten zu hören, abwechslungsreich schwätzend, mit gepressten Lauten; häufig mit eingeflochtenen Imitationen anderer Vogelstimmen. Wenn das ♀ in der Nähe ist, erfolgen die Gesangsstrophen deutlich hastiger zwitschernd. Die Bettelrufe der flüggen Jungen sind laut und durchdringend wie „quää".

Vorkommen Brütet in Moor- und Heidegebieten, an Waldrändern mit Dornengebüsch, in der kleinräumigen Kulturlandschaft mit breiten, möglichst dornigen Hecken und einzelnen Büschen. Bei uns weit verbreitet, selten.

Verhalten Fliegt geradlinig, rüttelt manchmal; bei Erregung drehende Schwanzbewegungen. Spießt bei Nahrungsüberschuss Beutetiere auf Dornen und Stacheldraht auf.

Nahrung Großinsekten, Eidechsen, Jungvögel, junge Mäuse.

Brut Mai–Juli, 1 Brut; Nest in dornigen Büschen, 1–3 m hoch.

< Amsel S V–IX

Rotkopfwürger *Lanius senator*

Familie Würger *Laniidae*

70

Typisch Oberkopf und Nacken rostrot, auffallend weiße Schulterflecken.
Merkmale Etwas breiterer Kopf und kürzerer Schwanz als der Neuntöter; Oberseite schwärzlich, ganze Unterseite reinweiß. ♀ (kleines Foto) etwas blasser gefärbt, Oberseite mehr bräunlich, schwarze Gesichtsmaske weniger markant. Jungvögel ähnlich jungen Neuntötern, aber oberseits mehr braun, Schulter- und Bürzelbereich heller.
Stimme Ruft haussperlingsähnlich „dscherrt“, schackernd und hölzern „dschä-dschä“, bei Erregung oft mehrfach wiederholt. Gesang anhaltend zwitschernd und plaudernd mit rauen und harten Lauten sowie vielen Imitationen anderer Vogelarten.
Vorkommen Brütet in offener Landschaft mit Büschen und Feldgehölzen, in Streuobstflächen und Heidelandschaften, an Alleen. Seltener Brutvogel der Schweiz und Ostösterreichs, Ungarns, Tschechiens, der Slowakei und Polens. Bei uns vor allem durch die Zerstörung von Streuobstflächen selten geworden; brütet nur noch in warmen Gegenden Süddeutschlands.

Nahrung Große Insekten, vor allem Käfer und Hummeln.
Brut Mai–Juli, 1 Brut; fest gefügtes Nest aus Reisern, Halmen und Wurzeln, häufig in 2–6 m Höhe in Apfel- oder Birnbäumen.

< Amsel S IV–IX

Eichelhäher *Garrulus glandarius* 71

Familie Krähenvögel *Corvidae*

Typisch Die auffällig blau-schwarz gebänderten Flügelfedern.
Merkmale Oberkopf gestrichelt, zu einer Haube aufstellbar, schwarzer Bartstreif. Die weißen Abzeichen an Flügeln und Schwanz fallen besonders im Flug und beim Abflug auf.
Stimme Ruft bei Erregung laut und rau kreischend „rrää", oft mehrfach wiederholt, auch „schrähi" und leise „gahi", häufig ein bussardähnliches „hii-ä". Gesang sehr abwechslungsreich, leise schwätzend, mit bauchrednerischen Lauten und mit Imitationen.
Vorkommen Brütet vor allem in Misch- und Laubwäldern, in Parks und Gärten mit größerem Baumbestand, seltener in Nadelwald; in den Alpen bis rund 1700 m Höhe. Fast überall häufiger Brutvogel.
Verhalten Fliegt langsam und mit unregelmäßigen Flügelschlägen; hüpft zur Nahrungssuche oft auf dem Boden; im Winterhalbjahr vielfach in kleinen, locker zusammenhaltenden Trupps, besucht auch Futterstellen für Kleinvögel.
Nahrung Vielseitig; vor allem Samen, Eicheln, Nüsse, Bucheckern, Insekten, Würmer, Jungvögel, Eier.
Brut April–Juni, 1 Brut; relativ kleines, flaches Nest meist gut versteckt in Bäumen oder Büschen.

< Rabenkrähe T I–XII

Tannenhäher *Nucifraga caryocatactes* 72

Familie Krähenvögel *Corvidae*

Typisch Der heisere und etwas nasale Ruf „grährr-grähr".
Merkmale Im Flug fallen die breiten, abgerundeten Flügel, der kurze Schwanz mit weißer Endbinde und die signalweißen Unterschwanzdecken auf.
Stimme Der typische Ruf wird häufig mehrfach wiederholt, daneben oft ein dohlenartiges „jäk jäk". Gesang unbedeutend, leise schwätzend und nur selten zu hören; mit Imitationen anderer Vogelstimmen untermischt.

Vorkommen Brütet in Nadel- und Mischwäldern der Alpen bis 2000 m Höhe und in den Mittelgebirgen; im Winter oft in den Alpentälern, in manchen Jahren bei uns invasionsartige Einflüge von Tannenhähern der dünnschnäbeligen sibirischen Unterart *N. c. macrorhynchos*.
Verhalten Sitzt häufig auf den höchsten Baumspitzen; fliegt langsam und etwas unregelmäßig; legt im Herbst Vorratslager von Arven- und anderen Baumsamen an.
Nahrung Vor allem Nüsschen der Zirbelkiefer (Alpen und Sibirien) und Haselnüsse (sonst in Europa); daneben Bucheckern, Beeren, im Sommer auch verschiedene Insekten.
Brut März–Mai, 1 Brut; Nest aus Reisig, Gräsern und Flechten, mit etwas Erde verfestigt, hoch auf Nadelbäumen.

< Rabenkrähe J I–XI

Elster *Pica pica*

Familie Krähenvögel *Corvidae*

73

Typisch Das glänzend schwarzweiße Gefieder und der lange, stufige Schwanz; schackernde Rufe.
Merkmale Im Flug fällt das weiße Handschwingenfeld auf (kleines Foto). Jungvögel mit viel kürzerem Schwanz, Gefieder noch kaum glänzend.
Stimme Ruft häufig schackernd „schakschakschak" oder „tscharrakakak", auch „kekekekek" oder „jekjekjek". Gesang: ein rau gurgelndes Schwätzen, mit schnarrenden, gepressten und pfeifenden Lauten.

Vorkommen Brütet in der offenen Landschaft mit Hecken, Feldgehölzen und Alleen; in Dörfern, Parks und Gärten mit Baumbestand, auch mitten in der Stadt; meidet geschlossenen Wald; im Gebirge bis rund 1500 m Höhe. Bei uns weit verbreitet und häufig.
Verhalten Läuft am Boden in wackelndem Gang; wachsam und scheu; gesellig, meist paarweise oder in kleinen Trupps.
Nahrung Würmer, Schnecken, Insekten, Früchte, Samen, Abfälle, Eier, Jungvögel, Mäuse, Frösche.
Brut April–Juni, 1 Brut; großes, überdachtes Reisignest mit seitlichem Eingang, mit Erde verfestigt; meist hoch in Bäumen oder Büschen.

< **Rabenkrähe J I–XII**

Dohle *Corvus monedula*

Familie Krähenvögel *Corvidae*

74

TYPISCH Die hellen Rufe.
MERKMALE Gefieder überwiegend schwarz, Nacken und Hinterkopf grau, Augen hell. Jungvögel mit bräunlichschwarzem Gefieder.
STIMME Ruft häufig kurz und laut „kja" oder „kjak", auch gereiht, daneben schnarrend „kjerr", bei Bedrohung hoch „jüb". Gesang selten zu hören; ein leises Schwätzen mit knackenden Tönen und miauenden Lauten.
VORKOMMEN Brütet in Laubwäldern mit Schwarzspechthöhlen, in Felswänden und Steinbrüchen, in Feldgehölzen und Parks mit altem Baumbestand, an Kirchen, Burgen und Ruinen; gebietsweise häufig, fehlt aber vielerorts.
VERHALTEN Lebenslange Paarbindung; sehr gesellig. Nahrungssuche meist in kleinen Trupps auf offenem Gelände. Dohlen fliegen oft in Saatkrähenschwärmen mit, sie fallen neben der geringeren Größe durch ihre helleren Rufe und schnelleren Flügelschläge auf.

Der weltberühmte Verhaltensforscher Konrad Lorenz studierte das Sozialverhalten von Dohlen sehr intensiv.
NAHRUNG Insekten, Würmer, Schnecken, Früchte, Samen, Körner, Jungvögel, Mäuse, Abfälle.
BRUT April–Juni, 1 Brut; Kolonienbrüter in Baumhöhlen, Felsspalten und -nischen, Mauerlöchern und Nistkästen; oft großes Reisignest.

< Rabenkrähe T, W I–XII

Alpendohle *Pyrrhocorax graculus*

Familie Krähenvögel *Corvidae*

75

Typisch Häufig um Berggipfel, an Seilbahnstationen und Skihütten.

Merkmale Gelber, schwach gebogener Schnabel, orangerote Beine. Jungvögel mit grauschwarzen Beinen und bräunlichem Schnabel.

Stimme Ruft häufig scharf und schrill „psia“ oder „zja“, bei Gefahr durchdringend „tschrirr“. Gesang selten zu hören, ein unbedeutendes Schwätzen mit harten metallischen Pfiffen.

Vorkommen Brütet in den Alpen oberhalb der Baumgrenze; im Winter auch in den Tälern.

Verhalten Sehr gesellig und lärmend, tritt häufig in Schwärmen von mehreren hundert Vögeln auf; wenig scheu, die Dohlen lassen sich oft an Berghütten füttern.

Nahrung Insekten, deren Larven, Würmer, Schnecken, Aas, Beeren, Früchte, Abfälle.

Brut; April–Juli, 1 Brut; Nest aus Reisig, Wurzeln und feinen Halmen, tief in Spalten an Felswänden, oft in größeren Naturhöhlen oder in Tunnels angelegt.

Die etwas größere **Alpenkrähe** *Pyrrhocorax pyrrhocorax* hat einen langen und gebogenen, roten Schnabel. Brütet nur sporadisch in den Alpen Mitteleuropas (Wallis), meist oberhalb der Baumgrenze an schroffen Felsen (s. auch S. 121).

< Rabenkrähe J I–XII

Kolkrabe *Corvus corax*
Familie Krähenvögel *Corvidae*

76

Typisch Größter Rabenvogel, auffallend tiefe Rufe.
Merkmale Sehr kräftiger, schwarzer Schnabel, Gefieder schwarz mit bläulichem Glanz. Im Flug fallen die langen, gleichmäßig schmalen Flügel, der keilförmige Schwanz und der starke Schnabel auf.
Stimme Sehr vielseitig; ruft tief und sonor „grok", „krah" oder „kroar", auch hohl „klong", hölzern „k-k" und bei Gefahr „kra-kra". Gesang abwechslungsreich schwätzend mit rufähnlichen, schnarrenden und schnalzenden Lauten und mit zahlreichen Imitationen.

Vorkommen Brütet in sehr unterschiedlichen Lebensräumen wie offenen, zusammenhängenden Waldgebieten, Gebirgs- und Küstenregionen, Tundren und Steppen. Bei uns vor allem in den Alpen, im Alpenvorland und in Waldgebieten Schleswig-Holsteins und Niedersachsens.
Verhalten Fliegt mit wuchtigen Flügelschlägen, dabei pfeifendes Fluggeräusch; segelt häufig.
Nahrung Aas, Insekten, Würmer, Schnecken, kleine Säuger, Vögel.
Brut Februar–April, 1 Brut; großes Nest aus Ästen und Zweigen in Nischen steiler Felswände oder auf hohen Bäumen des Tieflandes.

> **Rabenkrähe** **J I–XII**

Rabenkrähe *Corvus corone corone*

Familie Krähenvögel *Corvidae*

77

TYPISCH Anpassungsfähiger Kulturfolger, überall häufig.

MERKMALE Rabenkrähe und Nebelkrähe (*C. c. cornix*) werden oft als Unterarten derselben Art, der Aaskrähe (*C. corone*) angesehen. Bei der Nebelkrähe (unten) sind Rücken und Unterseite hellgrau. In der Überlappungszone treten Mischlinge beider Formen auf.

STIMME Ruft häufig „kräh", „wärr", „kirrk" oder „konk", bei Gefahr kurz „krr". Gesang bauchrednerartig schwätzend mit pfeifenden und kreischenden Lauten und mit zahlreichen Imitationen untermischt.

VORKOMMEN Brütet häufig in offener Kulturlandschaft, in Mooren, an der Küste, in Parks und Gärten, auch innerhalb der Stadt; im Gebirge bis 2000 m Höhe. Östlich der Elbe, in Teilen der Südschweiz und in Ostösterreich ist die Nebelkrähe heimisch.

VERHALTEN Meist paarweise oder in Trupps, aber nie in riesigen Schwärmen wie Saatkrähen.

NAHRUNG Würmer, Schnecken, Insekten, Mäuse, Eier, Jungvögel, Aas, Früchte, Pflanzenteile, Abfälle.

BRUT März–Juni, 1 Brut; großes, stabiles Nest aus Zweigen und Erde, meist hoch auf Bäumen.

Bezugsart J I–XII

Saatkrähe *Corvus frugilegus*

Familie Krähenvögel *Corvidae*

78

TYPISCH Die unbefiederte Schnabelwurzel der Altvögel; Jungvogel rechts..
MERKMALE Gefieder schwarz metallisch blau schillernd; Kopf mit steiler Stirn, wirkt eckig; das Bauch- und Schenkelgefieder steht im Gegensatz zu dem der Rabenkrähe meist locker ab.
STIMME Ruft tiefer und rauer als die Rabenkrähe: „kroh", „krah" oder „korr", daneben „kja" und ein mechanisch klingendes „krrr". Gesang schwätzend und schnarrend mit metallischen und krächzenden Lauten durchsetzt.
VORKOMMEN Offene Kulturlandschaft mit Gehölzen, Ränder von Laub- und Nadelwäldern, Parks, auch in größeren Städten. Brütet bei uns nur gebietsweise (im Tiefland).
VERHALTEN Sehr gesellig, im Winter häufig große Schwärme von Saatkrähen aus nördlichen und östlichen Brutgebieten, die auf Feldern, in Parks und Anlagen Nahrung suchen.
NAHRUNG Insektenlarven wie Raupen

und Drahtwürmer; Schnecken, Mäuse, Samen, Pflanzenteile, Abfälle.
BRUT März–Mai, 1 Brut; Koloniebrüter in Baumkronen; großes Nest aus Zweigen, Halmen und Erde.

~ Rabenkrähe T, W I–XII

Star *Sturnus vulgaris*

Familie Stare *Sturnidae*

79

Typisch Der wackelnde Gang.
Merkmale Kurzschwänzig und untersetzt, mit langem und spitzem, gelbem Schnabel; im Herbst mit braunem Schnabel und dicht weiß getupft (Perlstar, kleines Foto) durch weiße Federsäume; diese nutzen sich zum Frühjahr hin allmählich ab, so erscheint das grün-violette Prachtkleid. Jungvögel einheitlich graubraun mit heller Kehle, Schnabel dunkel. Im Flug fallen die dreieckigen, spitzen Flügel auf.
Stimme Ruft häufig heiser „rrhää" oder „ärr", schrill „schriin" oder bei Gefahr hart „wätt wätt". Gesang: ein abwechslungsreiches Schwätzen aus pfeifenden, schnalzenden und ratternden Lauten; viele Imitationen anderer Vogelstimmen und Geräusche.
Vorkommen Brütet überall häufig, wo es Bäume mit Naturhöhlen oder Nistkästen gibt; in Laub- und Mischwald, offenem Kulturland, Parks, Gärten. Nur wenige Stare überwintern bei uns (im Tiefland).
Verhalten Sucht in wackelndem Gang und ständig stochernd auf dem Boden nach Nahrung, hüpft nicht. Sehr gesellig, oft in großen Schwärmen.
Nahrung Insekten, Schnecken, Würmer, Obst (Weintrauben), Beeren.
Brut April–Juli, 1–2 Bruten; unordentliches Nest aus Stroh, Stängeln und Blättern in Baumhöhlen, Nistkästen.

< Amsel T, D, (W) II–XII

Schneesperling *Montifringilla nivalis* 80

Familie Sperlinge *Passeridae*

Typisch Die besonders im Flug auffallende schwarzweiße Zeichnung von Flügeln und Schwanz.

Merkmale Wirkt groß und finkenartig; im Prachtkleid ♂ (unten) mit grauem Kopf, schwarzem Schnabel und schwarzem Kehlfleck; ♀ mit mehr braungrauer Kopffärbung und undeutlicherem Kehlfleck, das Weiß im Flügel etwas weniger ausgedehnt. Im Winter (oben) ♂ und ♀ mit gelbem Schnabel und ohne den schwarzen Kehlfleck.

Stimme Ruft häufig kurz und nasal „pchie", „zuziek" oder „wähk", bei Gefahr ähnlich der Haubenmeise weich trillernd „pchrrt". Gesang ein einfaches, etwas stotterndes Zwitschern aus wiederholten Lauten, z. B. „titt-titt-tsche", wirkt etwas zögerlich.

Vorkommen Brütet in der alpinen Felszone der Schweiz, Österreichs und Bayerns, meist über 1900 m Höhe; im Winter auch an Seilbahnstationen und Berghütten, jedoch nur selten in den Tälern anzutreffen.

Verhalten Sehr gesellig, brütet meist zu mehreren Paaren, tritt außerhalb der Brutzeit in oft größeren Schwärmen auf, nicht selten an Berghotels.

Nahrung Insekten, Samen.

Brut Mai–Juli, 1–2 Bruten; Nest in Spalten und kleinen Höhlen, gebietsweise auch an Gebäuden.

>Haussperling J I–XII

Haussperling *Passer domesticus* 81

Familie Sperlinge *Passeridae*

Typisch Ein allbekannter Kleinvogel.
Merkmale ♂ (großes Foto) kontrastreich gefärbt mit schwarzem bis zur Vorderbrust reichenden Latz. ♀ (unten) und Jungvögel schlicht graubraun.
Stimme Ruft bei Erregung durchdringend „tetetet" oder „tsched-tsched", im Flug häufig „tschuib" oder „dschlue". Gesang: das allbekannte, rhythmische Tschilpen wie „tschilp tschelp ...".

Vorkommen Überall, wo es Häuser gibt; noch häufiger Kulturfolger in Dörfern, Städten und an Einzelgehöften; auch an manchen Berghütten. Vielfach dramatischer Bestandsrückgang.
Verhalten Sehr gesellig, oft in lärmenden Trupps, die einander ständig verfolgen und dabei tschilpen und zetern; im Gegensatz zum Buchfink auf dem Boden hüpfend; badet gerne im Staub; häufig Gruppenbalz mehrerer ♂ mit hängenden Flügeln und gestelztem Schwanz sowie laut tschilpend.
Nahrung Insekten, deren Larven, Samen, Früchte, Beeren, Knospen, Getreide, Abfälle.
Brut April–August, 2–3 Bruten; wenig sorgfältiges, überdachtes Nest aus Halmen, Stängeln, Papier und Lumpen, meist unter Hausdächern oder in Mauerlöchern.

Bezugsart J I–XII

Feldsperling *Passer montanus* 82

Familie Sperlinge *Passeridae*

Typisch Im Verhalten viel unauffälliger als der Haussperling.
Merkmale Etwas kleiner und schlanker als der Haussperling, leicht durch den kastanienbraunen Oberkopf und Nacken sowie den schwarzen Ohrfleck und kleineren schwarzen Kehlfleck zu unterscheiden. Geschlechter gleich.
Stimme Ruft bei Erregung und im Flug hart „tek tek tek", oft auch mit „zwit" kombiniert, daneben „dschäd dschäd". Gesang ähnlich dem des Haussperlings. Ein rhythmisches, stammelndes Tschilpen, jedoch geräuschhafter.
Vorkommen Weniger an Siedlungen gebunden als der Haussperling; brütet in offener Kulturlandschaft mit Hecken, Feldgehölzen und Obstgärten; in Parks und an Stadt- und Dorfrändern.
Verhalten Ebenso gesellig wie der Haussperling, aber nicht so lärmend; im Winter häufig an Dorfrändern, besucht Futterhäuschen, aber zurückhaltender als der Haussperling.

Nahrung Insekten, Samen, Früchte, Knospen, Getreide, Abfälle.
Brut April–August, 2–3 Bruten; überdachtes Nest aus Halmen und Stängeln, innen mit Federn gepolstert, in Baumhöhlen, Nistkästen und sogar in alten Uferschwalbenröhren.

< Haussperling T I–XII

Buchfink *Fringilla coelebs*
Familie Finkenvögel *Fringillidae*

83

Typisch Häufigster Fink.
Merkmale Oberkopf beim ♂ (oben) im Prachtkleid leuchtend blaugrau, im Schlichtkleid bräunlich grau; ♀ (unten) oberseits olivbraun, unterseits graubraun. Besonders im Flug sind die leuchtend weißen Flügelabzeichen und die weißen Schwanzkanten auffällig.
Stimme Ruft bei Gefahr laut und kurz „pink", ähnlich wie die Kohlmeise, bei Erregung weich „füid" oder wiederholt „wwrüt" („Regenruf"), beim Auffliegen kurz „jüb". Gesang: eine laut schmetternde, abfallende Strophe mit betontem Schluss „zizizjezja-jzo-ritju-kik", das „kik" – vom Buntspecht imitiert – fehlt regional.

Vorkommen Überall häufig, wo es Bäume gibt, in Wäldern alle Art bis zur Baumgrenze, in Parks und Gärten. Bei uns überwintern vor allem ♂.
Verhalten Nahrungssuche meist am Boden, trippelt mit ruckartigen Kopfbewegungen; außerhalb der Brutzeit oft in großen Schwärmen.
Nahrung Samen, Früchte, Insekten, Spinnen, Sämereien, Getreide.
Brut April–Juli, 2 Bruten; kunstvolles, festes Napfnest, relativ hoch in Bäumen und Büschen.

~ Haussperling T I–XII

Bergfink *Fringilla montifringilla*

Familie Finkenvögel *Fringillidae*

84

Typisch Der weiße Bürzel ist beim Auffliegen meist deutlich zu sehen.

Merkmale Beim ♂ im Prachtkleid (nicht abgebildet) Kopf, Schnabel und Rücken schwarz, Brust und Schultern orangefarben; beim ♂ im Schlichtkleid (oben) schwarze Gefiederpartien bräunlich geschuppt, durch Abnutzung der hellen Federsäume entsteht im Frühjahr allmählich die Schwarzfärbung. ♀ (rechts) mit grauen Wangen, schwärzlich gestreiftem Scheitel und stets braun gemustertem Rücken.

Stimme Ruft auffällig quäkend „dschäe" oder „kwäig", im Flug kurz „jäk", beim Abflug gereiht. Gesang nicht sehr laut, eine Kombination von grünfinkenartigem Quetschlauten wie „dsäää" und scheppernden Elementen.

Vorkommen Häufiger Brutvogel in Fjällbirken- und Nadelwäldern des Nordens; im Winterhalbjahr in oft großen Schwärmen in Buchenwäldern, Parks, Gärten und auf Feldern. Besucht regelmäßig Futterstellen und Futterhäuser.

Verhalten Im winterlichen Buchenwald flattern Bergfinken mit halb geöffneten Flügeln im Neuschnee, um so die begehrten Bucheckern freizulegen.

Nahrung Insekten und deren Larven, im Winter Bucheckern, grobe Sämereien, Getreide, Nüsse.

~ Haussperling W, D X–IV O

Girlitz *Serinus serinus*
Familie Finkenvögel *Fringillidae*

85

Typisch Kleinster heimischer Fink, sehr kurzer Kegelschnabel.
Merkmale Gefieder mit viel Gelb (♂), ♀ (kleines Foto) mehr graugrün, unterseits gestreift, Bürzel wie beim ♂ gelb, im Flug oft gut zu erkennen. Jungvögel bräunlich, stark dunkel gestreift, ohne gelben Bürzel.
Stimme Ruft im Flug hoch trillernd „tir-ri", „girr" oder „girlitt", bei Beunruhigung gedehnt „dschäi". Gesang: ein anhaltendes hohes und klirrendes Gezwitscher auf etwa gleicher Tonhöhe.

Vorkommen Brütet in Friedhöfen, Parks, Gärten, Obstgärten und Weinbergen, in lichtem Laub- und Mischwald bis rund 1200 m Höhe. Bei uns im Tiefland weit verbreitet.
Verhalten Flug schnell und leicht bogenförmig. Nahrungssuche häufig am Boden; tritt meist paarweise oder in kleinen Trupps auf. Singt auf Baumspitzen, Telegrafenleitungen oder in fledermausartigem Singflug, wobei der Vogel in weiten Bögen in Baumkronenhöhe fliegt und nach dem Landen intensiv weitersingt.
Nahrung Feine Wildsamen, grüne Pflanzenteile, Insekten.
Brut April–Juli, 2 Bruten; kunstvolles Nest aus Wurzeln, Halmen und Moos mit Federn, Haaren und Pflanzenwolle ausgepolstert; meist halbhoch in Nadelbäumen, Hecken und Büschen.

< **Haussperling S III–X**

Zitronengirlitz *Serinus citrinella*

Familie Finkenvögel *Fringillidae*

86

Typisch Klein und unauffällig, am besten an der Stimme zu erkennen.

Merkmale Gesicht und Unterseite ungestrichelt gelb, Nacken und Halsseiten grau, zwei gelblich-grüne Flügelbinden, Schwanz ohne Gelb; ♀ weniger gelb und dunkler, oberseits schwach gestreift. Jungvögel (kl. Foto) mehr bräunlich, unterseits deutlich gestreift.

Stimme Ruft im Flug häufig hoch und etwas nasal „dit dit", auch schnell gereiht, bei Störung „ziä". Der Gesang erinnert in der Klangfarbe an den des Stieglitzes und ist ähnlich anhaltend wie der des Girlitzes, ein sprudelndes Gezwitscher, das oft mit einem gedehnten Quetschlaut endet.

Vorkommen Brütet relativ häufig in lockerem Nadelwald der Alpen ab 1400 m Höhe bis zur Baumgrenze; einige Brutplätze im Schwarzwald. Nur wenige überwintern bei uns.

Nahrung Samen von Nadelbäumen, Kräutern und Gräsern, Insekten.

Brut April–August, 1–2 Bruten; Nest aus Gräsern, Wurzeln, Moos und Flechten, innen mit Pflanzenwolle und Federn ausgepolstert, meist hoch auf Nadelbäumen; häufig auf Lichtungen mit einzelnen Nadelbäumen, im Schwarzwald an Rändern von Skipisten.

< Haussperling T II–X

Grünfink *Carduelis chloris*

Familie Finkenvögel *Fringillidae*

87

TYPISCH Größter gelbgrüner Fink.
MERKMALE Besonders im Flug auffallende gelbe Flügelabzeichen. ♂ im Prachtkleid mit viel Gelb in Flügeln und Schwanz. ♀ (unten) überwiegend graugrün, gelbe Abzeichen an Flügeln und Schwanz weniger deutlich. Jungvögel kräftig dunkel längs gestreift.
STIMME Ruft beim Abfliegen laut und klangvoll „gügügügügüg", bei Störung nasal „diu" oder „dschwuit", bei Auseinandersetzungen schnarrend „tsrr". Gesang aus kanarienartig klingelnden und trillernden Touren, dazwischen an Kleiber erinnernde Pfeiflaute und gedehnte Quetschlaute wie „dejäieh".
VORKOMMEN Brütet häufig in lichten Mischwäldern, an Waldrändern, in Hecken, Parks, Obstgärten und Alleen, auch in Gärten mitten in der Großstadt. Bei uns einer der häufigsten Brutvögel.
VERHALTEN Gesellig; besucht oft Futterhäuschen. Singt in fledermausartigem Balzflug mit stark verlangsamten Flügelschlägen.
NAHRUNG Samen, Knospen, Blüten, Insekten, Sonnenblumenkerne.
BRUT April–August, 2–3 Bruten; lockeres Nest meist halbhoch in dichten Büschen und Bäumen, auch in Blumenkästen auf dem Balkon.

~ Haussperling T I–XII

Stieglitz *Carduelis carduelis* 88

Familie Finkenvögel *Fringillidae*

Typisch Ungewöhnlich bunt
Merkmale Jungvögel ohne die schwarz-weiß-rote Kopffärbung, aber mit dem typischen gelben Flügelstreif.
Stimme Ruft sehr häufig hoch klingelnd und schnell „didilit" oder „zidit", bei Gefahr nasal gezogen „wäii", bei innerartlichen Auseinandersetzungen schnarrend „tschrrr". Die klangvollen hohen und eilig vorgetragenen Gesangsstrophen bestehen aus zwitschernden und trillernden Folgen sowie nasalen Elementen und werden meist durch „didilit"-Rufe eingeleitet.
Vorkommen Brütet in Parkanlagen, Obstgärten, Heckenlandschaften, Alleen und Gärten, häufig in Dörfern mit alten Laubbäumen; außerhalb der Brutzeit in offenem Gelände und an Wegrändern; einige Stieglitztrupps überwintern in Mitteleuropa.
Verhalten Sehr gesellig; singt meist hoch auf Bäumen; Nahrungssuche oft in kleinen Trupps auf Wildkräuterflächen mit Disteln und anderen samentragenden Stauden.

Nahrung Samen von Disteln, Löwenzahn und Laubbäumen; während der Brutzeit auch kleine Insekten
Brut Mai–August, 2 Bruten; das ♀ baut ein dickwandiges und verfilztes Nest, meist hoch oben in der Astgabel eines Laubbaumes.

< Haussperling T I–XII

Erlenzeisig *Carduelis spinus*

Familie Finkenvögel *Fringillidae*

89

Typisch Die wehmütigen Flugrufe.
Merkmale Sehr klein, relativ schlanker, spitzer Schnabel; Gefieder grünlichgelb, Flügel schwarz mit breiter gelber Flügelbinde. ♂ (oben links) mit schwarzer Kopfplatte und kleinem schwarzem Kinnfleck; ♀ (oben rechts) graugrün, stärker gestrichelt und ohne schwarze Kopfplatte. Jungvögel (kl. Foto) oberseits mehr braun, stärker gestrichelt.
Stimme Ruft im Flug oft wehmütig „tüli", „tsie" oder „diäh", Betonung auf der ersten Silbe, häufig auch kurz „tet" oder „tetet". Gesang (auch im Singflug) eilig zwitschernd, oft mit eingeflochtenen „tüli"-Rufen, vielen Imitationen anderer Vogelstimmen und am Ende mit einem gedehnten Quetschlaut.
Vorkommen Brütet in Fichten- und Mischwald, besonders in Bergwäldern bis zur Baumgrenze; im Winterhalbjahr häufig im Tiefland.
Verhalten Turnt bei der Nahrungssuche geschickt auf Erlen und Birken; gesellig, außerhalb der Brutzeit oft in großen Schwärmen; singt bereits ab Ende Januar, oft hoch in Bäumen.
Nahrung Samen von Laub- und Nadelbäumen, Insekten, feine Sämereien, Nüsse, Talg.
Brut April–Juli, 2 Bruten; Nest aus Halmen, Moos und Flechten, meist hoch auf Nadelbäumen.

< Haussperling T I–XII

Birkenzeisig *Carduelis flammea*

Familie Finkenvögel *Fringillidae*

90

Typisch Die Flugrufe.
Merkmale; Sehr klein; hornfarbener, spitzer Schnabel; Gefieder überwiegend gestreift, mit tiefrotem Scheitelfleck und schwarzem Kinn. ♂ (Nominatform, oben) im Prachtkleid mit rötlicher Brust (♂ Alpenform, kleines Foto). Jungvögel ohne Rot.
Stimme Typischer Flugruf ein schnelles, weit hörbares „dschedschedsche", bei Störung ein nasales, gezogenes „wäid" oder „wüid". Gesang anhaltend, rau zwitschernd mit schwirrenden Lauten, klangvollen Pfeiftönen und mit Flugrufen untermischt.
Vorkommen Brütet in lockerem Nadelwald der Alpen ab 1400 m Höhe, besonders an der Baumgrenze; in Mittelgebirgen und in Moorgebieten des Alpenvorlandes, auch in Erlen- und Weidengehölzen sowie in Nadelholzschonungen des Tieflandes und in einigen Städten Süddeutschlands.
Verhalten Sehr gesellig, im Winterhalbjahr in Schwärmen auf Erlen und Birken; singt häufig im normalen Flug oder Singflug mit verlangsamten Flügelschlägen.
Nahrung Samen von Bäumen und Kräutern; Insekten; feine Sämereien, Nüsse, Talg.
Brut Mai–Juli, 2 Bruten; Nest aus Reisern, Moos und Halmen in Büschen oder Bäumen.

< Haussperling T I–XII

Bluthänfling *Carduelis cannabina*

Familie Finkenvögel *Fringillidae*

91

Typisch Die nasalen Rufe.
Merkmale Vorderer Scheitel und Brust beim ♂ im Prachtkleid (oben) leuchtend rot; Schlichtkleid insgesamt blasser, kein Rot am Kopf; ♀ (kl. Foto) stets ohne Rot, streifig und oberseits dunkelbraun, Jungvögel stark gestreift.
Stimme Ruft im Flug nasal stotternd „gegegeg", bei Beunruhigung gedehnt und nasal „düje" oder „glü". Gesang nasal geckernd, aber wohlklingend, beginnt mit einer Serie der typischen Rufe, die in hastige Triller, Pfeiftöne und geräuschhafte Laute übergehen.
Vorkommen Brütet in offener Kulturlandschaft mit Hecken und Gehölzen, in Friedhöfen, Weinbergen, Wacholderheiden, Parks und Gärten, häufig an Dorfrändern, im Gebirge bis zur Baumgrenze. Außerhalb der Brutzeit oft in größeren, dicht zusammenhaltenden Schwärmen in offener Landschaft.
Verhalten Bei der Nahrungssuche weniger agil als Zeisige, picken Samen vom Boden oder niedrigeren Kräutern.
Nahrung Samen von krautigen Pflanzen und Bäumen, Insekten.
Brut. April–August, 2 Bruten; Nest niedrig in Hecken, Büschen und Jungbäumen; oft mehrere Brutpaare in lockerer Gemeinschaft.

< **Haussperling T I–XII**

Karmingimpel *Carpodacus erythrinus*

Familie Finkenvögel *Fringillidae*

92

Typisch Das Karminrot von Kopf, Kehle, Brust und Bürzel des mindestens zweijährigen ♂ (oben).

Merkmale Flügel und Schwanz dunkelbraun, zwei schmale Flügelbinden. ♀ (kleines Foto) und junge ♂ unauffällig bräunlich mit hellerer Unterseite und gestreifter Brust.

Stimme Ruft bei Störung am Nest weich „djüi", klingt häufig auch gequetscht, daneben kurz „zit" oder „zlit" (Lockruf). Gesang einprägsam und weit hörbar: ein stereotypes, etwas an Pirol erinnerndes, jedoch rein pfeifendes „si-widjü-widju", die letzte Silbe ist deutlich abwärts gezogen.

Vorkommen Brütet in buschreichen Feuchtgebieten, besonders in Weiden- und Erlenbeständen in Gewässernähe, in lichtem, kräuterreichem Bruchwald, in Parklandschaften und Anpflanzungen, Brutvogel im östlichen Mitteleuropa, seit einigen Jahrzehnten Ausbreitung nach Westen; heute lokale Brutvorkommen in Österreich, der Schweiz, Südbayern, Niedersachsen und Nordostdeutschland.

Nahrung Insekten, deren Larven, Knospen, Triebe, Beeren (besonders Heidelbeere), vor allem aber Samen.

Brut Mai–Juli, 1 Brut; Nest locker gebaut aus Halmen und Gräsern, mit Würzelchen und Haaren ausgelegt, meist in 0,5–2 m Höhe in dichtem Gebüsch oder in einer Jungfichte.

~ Haussperling S V–IX

Fichtenkreuzschnabel *Loxia curvirostra* 93

Familie Finkenvögel *Fringillidae*

Typisch Der kräftige Schnabel mit übereinander gekreuzten Spitzen.

Merkmale Gedrungen und mit dickem Kopf, kurzer, gegabelter Schwanz; ♂ ab dem 2. Lebensjahr (oben) ziegelrot, ♀ (rechts) olivgrün mit gelblichem Bürzel. Jungvögel stark gestreift.

Stimme Ruft häufig hart „gip gip gip" oder „klip klip klip", oft auch im Flug, daneben weicher „tjük" oder „tjök". Gesang: viele verschiedene, 2–3 mal wiederholte, laute und klare Elemente, untermischt mit den typischen „gip"-Rufen und mit härteren Lauten.

Vorkommen Brütet in Nadelwald, vor allem in Bergfichtenwald bis zur Baumgrenze. Die Vögel vagabundieren auf der Suche nach reifen Fichtenzapfen oft weit umher. Bei uns weit verbreitet, jedoch unterschiedlich häufig.

Verhalten Gesellig, meist in kleineren bis größeren Trupps; die Vögel klettern papageienartig an Fichtenzapfen. Singt fast zu jeder Jahreszeit.

Nahrung Vor allem Fichtensamen, Blüten und Knospen von Laubbäumen.

Brut Das ganze Jahr über, jedoch meist Dezember–Mai, 1–2 Bruten; stabiles Nest aus Reisern, Moos und Flechten, hoch auf Fichten.

> **Haussperling J I–XII**

Gimpel *Pyrrhula pyrrhula*

Familie Finkenvögel *Fringillidae*

94

Typisch Die leuchtend rosenrote Unterseite des ♂ (oben).
Merkmale Wirkt gedrungen und plump, kräftiger, hoher schwarzer Kegelschnabel. ♀ (kleines Foto) mit bräunlich grauer Unterseite. Jungvögel bräunlich, keine schwarze Kopfkappe. Im Flug fällt der weiße Bürzel auf.
Stimme Ruft sanft und weich, etwas abfallend „djü" oder „düp", leicht nachzupfeifen; beim Abflug leise „büt büt". Gesang: ein zartes, pfeifendes und zwitscherndes Geplauder mit eingestreuten Lockrufen und gepressten Tönen. Käfigvögel lernen Lieder nachzupfeifen.
Vorkommen Brütet in Nadel- und Mischwald, in Fichtenschonungen, an Waldrändern, in Parks, Gärten und Friedhöfen mit viel Gebüsch.
Verhalten Wenig scheu, lebt in der Regel paarweise; außerhalb der Brutzeit meist mehrere Paare in kleinen Trupps; sitzen im Winter oft dick aufgeplustert in beerentragenden Sträuchern; häufig

an Futterhäuschen.
Nahrung Samen und Knospen von Bäumen und Kräutern; Beeren, Früchte, auch Insekten. und Spinnen.
Brut; April–August, 2 Bruten; lockeres Nest in dichtem Gebüsch und jungen Nadelbäumen versteckt.

> **Haussperling T I–XII**

Kernbeißer *Coccothraustes coccothraustes*

Familie Finkenvögel *Fringillidae*

95

Typisch Gedrungen mit großem Kopf und extrem klobigem Schnabel.
Merkmale Schnabel im Sommer stahlblau, im Winter (oben) hornfarben. ♀ (rechts Prachtkleid), blasser gefärbt. Jungvögel bräunlich mit starker Musterung. Im Flug an der dicken Gestalt und den teilweise hell durchscheinenden Flügeln, beim Auffliegen am weißen Schwanzende zu erkennen.
Stimme Ruft schrill und scharf „zicks" oder „zieck", „zittit" oder hoch „jickz". Gesang selten zu hören, eine klirrende und holprige Aneinanderreihung von variierten Rufen und nasalen Lauten.
Vorkommen Brütet in Laub- und Mischwald, besonders mit Buche und Ahorn, in Parks und Gärten mit hohen Laubbäumen. Bei uns weit verbreitet.
Verhalten Ziemlich scheu; hält sich im Sommer meist in Baumkronen auf; besucht im Winter Futterhäuschen. Flug schnell und geradlinig in weiten Bögen und meist in Baumkronenhöhe.
Nahrung Samen von Laubbäumen, besonders Hainbuche, Ahorn; Kerne von Steinobst; Knospen, Insekten.
Brut April–Juni, 1–2 Bruten; umfangreiches Nest aus Zweigen, Wurzeln und Halmen, meist hoch in Laubbäumen.

> Haussperling T I–XII

Schneeammer *Plectrophenax nivalis* 96
Familie Ammern *Emberizidae*

Typisch Das besonders beim ♂ auffällige weiße Flügelfeld.
Merkmale ♂ im Prachtkleid (kl. Foto) mit weißem Kopf und weißer Unterseite, Flügel schwarz mit großem, weißem Feld, Schnabel schwarz; ♀ weniger kontrastreich, Oberseite mehr bräunlich. Im Schlichtkleid (großes Foto ♂) Rücken bräunlich und schwarz gemustert, Ohrbereich, Oberkopf und ein angedeuteter Halsring orangebraun; ♀ oberseits hell bräunlich gemustert, mehr Braun an Kopf, Brust und Flanken, kleineres weißes Flügelfeld.
Stimme Ruft im Flug trillernd „tirr" oder „diüh", von landenden Trupps hört man oft ein scharfes „tsrr". Gesang: eine hell trillernde, lerchenartige Strophe mit schnellem Tonhöhenwechsel.
Vorkommen Brütet in felsigen und steinigen Fjäll- und Tundragebieten Nordeuropas; im Winter regelmäßig an der Nord- und Ostseeküste auf offenen, kurzrasigen Flächen, manchmal auch an Seeufern und auf Ödland im mitteleuropäischen Binnenland.
Nahrung Insekten, Spinnen; im Winterhalbjahr Samen.
Brut Mai–Juli, 1 Brut; Bodennest aus Tundrapflanzen, mit Federn und Wolle ausgepolstert, meist in Felsspalten.

> Haussperling W (D) X–II O

Goldammer *Emberiza citrinella*

Familie Ammern *Emberizidae*

97

Typisch Die auffällige Gelbfärbung des ♂ an Kopf und Unterseite (oben).
Merkmale Schlank und langschwänzig, Bürzel zimtbraun; ♀ (kleines Foto) mit weniger Gelb, auch an Kopf und Kehle dunkel gestreift. Beim Auffliegen weiße Schwanzkanten sichtbar.
Stimme Ruft häufig „zrik" oder „trs", beim Abflug trillernd „tirr". Gesang: eine kurze, melancholische und oft verkürzt vorgetragene Strophe „zizizizizizii-düh", häufig mit „wie wie wie hab'-ich Dich lieb" wiedergegeben.
Vorkommen Fast überall häufig in abwechslungsreicher Kulturlandschaft mit Hecken, Feldgehölzen, gebüschreichen Waldrändern und in Fichtenschonungen; im Gebirge bis rund 1200 m Höhe; vor allem im Winter auch in Dörfern. In Mitteleuropa starker Rückgang.
Verhalten Zuckt häufig mit dem Schwanz; singt oft auf Buschspitzen, Leitungen und anderen Warten, auch noch im Hochsommer; im Winter in kleinen Trupps.
Nahrung Insekten, Spinnen, Samen, Getreide, grüne Pflanzenteile.
Brut April–Juli, 2 Bruten; Nest meist niedrig im bodennahen Gestrüpp, in kleinen Bäumen, an Weg- und Straßenböschungen.

> Haussperling T I–XII

Rohrammer *Emberiza schoeniclus*

Familie Ammern *Emberizidae*

98

Typisch In Feuchtgebieten häufig.

Merkmale Beim ♂ im Frühjahr (oben) und Sommer, Kopf, Kinn und Kehle schwarz, Bartstreif und Nackenband weiß, im Winter sind Kopf und Nacken verwaschen bräunlich. ♀ (kleines Foto) und Jungvögel tarnfarben mit auffälligem, weißem Bartstreif.

Stimme Ruft scharf und etwas absteigend „zieh" oder „ziüh", tiefer als der Luftalarmruf von Amsel und Rotkehlchen; daneben oft ein stumpfes „tschö" oder „pse". Gesang: eine kurze, stammelnde, häufig auch verkürzt vorgetragene Strophe wie „zje zje toi ziri", „zip zip tete zink tet" oder „dip dip dip tiö tete". Jedes ♂ bringt nur einen Strophentyp; häufig singen Reviernachbarn unterschiedliche Strophen.

Vorkommen Brütet in Verlandungszonen an Flüssen und Seen mit Schilf- und Seggenbeständen und feuchtem Weidengebüsch; manchmal auch in Getreidefeldern in einiger Entfernung zum nächsten Gewässer.

Nahrung Insekten, kleine Krebstiere, Schnecken, Grassamen.

Brut Mai–Juli, 2 Bruten; baut ein großes Nest aus Schilfblättern und Halmen, häufig niedrig im Gebüsch auf umgebrochenem Schilf.

~ Haussperling T I–XII

Grauammer *Miliaria calandra*
Familie Ammern *Emberizidae*

99

TYPISCH Unscheinbar lerchenartig gefärbt; singt oft auf exponierten Warten.
MERKMALE Wirkt plump und gedrungen; Gefieder ohne auffällige Abzeichen. Unterseite rahmfarben, an Kehle und Flanken bräunlich gestrichelt, Schwanz ohne Weiß. Jungvogel unten.
STIMME Ruft kurz vor dem Abflug und im Flug ein kurzes „tick", häufig 2- bis 3mal wiederholt. Der Gesang besteht aus kurzen, tickenden Lauten, die sich beschleunigen und in einen klirrenden Schlussteil übergehen „tititititit ... schnirrps".

VORKOMMEN Brütet in offener, trockener Landschaft mit Getreidefeldern, Wiesen und einzelnen Büschen und Bäumen, an Trockenhängen und auf Ödland. Bei uns nur im Tiefland; besorgniserregender Bestandsrückgang.
VERHALTEN Fliegt oft mit flachen Flügelschlägen und herabhängenden Beinen; singt mit weit aufgesperrtem Schnabel, häufig exponiert auf Leitungsdrähten und Buschspitzen, besonders an Landstraßen. Außerhalb der Brutzeit streifen Grauammern mit anderen Ammern und mit Lerchen umher.
NAHRUNG Insekten, kleine Schnecken, Samen, grüne Pflanzenteile.
BRUT Mai–Juli, 1–2 Bruten; lockeres Nest aus Gras und Wurzeln, in einer Bodenmulde oder im Gestrüpp.

> **Haussperling T I–XII**

Weitere seltene Arten

Ohrenlerche ▲

Eremophila alpestris
Familie Lerchen

Etwas größer als Haussperling. Die Ohrenlerche ist die einzige Lerchenart bei uns mit Gelb an Kopf, Kinn und Kehle; oberseits ist sie sandgrau gefärbt. Die im Prachtkleid deutlichen Federohren sind im Schlichtkleid kaum sichtbar; dann ist auch die gelb-schwarze Kopfzeichnung nur undeutlich ausgeprägt. Die Rufe sind hoch und dünn („zieh"). Ohrenlerchen brüten in steinigen Lebensräumen mit kargem, niedrigem Bewuchs in Fjäll- und Tundragebieten Nordeuropas. Im Winter sieht man die Lerchen gelegentlich in kleinen Trupps im Bereich der Nord- und Ostseeküste auf Strand- und Salzwiesen sowie auf strandnahen Feldern.

Felsenschwalbe ▲

Ptyonoprogne rupestris
Familie Schwalben

Kleiner als Haussperling. Die Felsenschwalbe erinnert an die kleinere Uferschwalbe, sie fliegt aber weniger flatternd, sondern eher seglerartig rasant. Der Schwanz ist nicht gegabelt, typisch sind die weißen Flecken auf den Steuerfedern. Die harten Rufe klingen wie „prrit" oder „pritprit". Felsenschwalben brüten vor allem an südexponierten Felswänden der Alpen bis über 2000 m Höhe, regelmäßig auch in Bayern.

Brachpieper ▲

Anthus campestris
Familie Pieper und Stelzen

Etwas größer als ein Haussperling. In Aussehen und Verhalten erinnert dieser große, langschwänzige Pieper an Stelzen; zusätzlich wippt er stelzenartig mit dem Schwanz. Das sandfarbene Gefieder ist nahezu ungestreift, nur im Jugendkleid ist die Brust deutlich gestrichelt. Die Rufe erinnern an Sperlinge; der Gesang, ein mehrfach wiederholtes „zirluih" wird meist im wellenförmigen Singflug vorgetragen. Lebensraum des Brachpiepers ist warme, offene, spärlich bewachsene Landschaft, vor allem in Heidegebieten mit einzelnen Bäumen, auf Brachflächen und Truppenübungsplätzen. Bei uns seltener und nur lokal vorkommender Brutvogel.

Bergpieper ▲

Anthus spinoletta
Familie Pieper und Stelzen

Etwas größer als Haussperling. Dieser kräftige Pieper zeigt stets schwarzbraune Beine. Im Prachtkleid erinnert er wegen seiner zart rosafarbenen, ungezeichneten Unterseite etwas an den Rotkehlpieper. Im Schlichtkleid ist die Brust dunkel gestrichelt. Die lauten, scharfen Rufe klingen wie „fist". Der Gesang, meist von einem Felsen oder im Singflug vorgetragen, erinnert an den des Wiesenpiepers. Lebensraum sind felsige Wiesen über der Baumgrenze; nach der Brutzeit ziehen die Brutvögel der Alpen nach Norden ins Tiefland, wo man sie im Winterhalbjahr an Gewässern antrifft. Der Strandpieper, *Anthus petrosus*, wurde früher zusammen mit dem Bergpieper als „Wasserpieper" zusammengefasst. Er ist insgesamt düster gefärbt. Vögel der skandinavischen Unterart *littoralis* trifft man im Winter an felsigen Stellen der mitteleuropäischen Küste an.

Rotkehlpieper ▲

Anthus cervinus
Familie Pieper und Stelzen

Kleiner als Haussperling. Der nordische Rotkehlpieper erinnert in Größe und Gestalt an den Wiesenpieper, ist aber als Altvogel an Gesicht und Kehle – manchmal auch an der Brust – hell ziegelrot gefärbt. Dieser Pieper brütet im nördlichen Nordeuropa und ist bei uns zu den Zugzeiten gelegentlich an Gewässerufern und in Feuchtwiesen zu beobachten. Die Rufe sind hoch und dünn „tsieeeh".

Seggenrohrsänger ▲

Acrocephalus paludicola
Familie Zweigsänger

Kleiner als Haussperling. Vom ähnlichen Schilfrohrsänger unterscheidet sich der Seggenrohrsänger vor allem durch seinen hellen Scheitelstreif und die kräftige, dunkle Oberseitenstreifung; die hellen Mantelstreifen erinnern an Hosenträger. Die Gesangsstrophen ähneln denen des Schilfrohrsängers, werden aber in gleichmäßigerem Tempo vorgetragen und sind viel eintöniger. Lebensraum des seltenen Rohrsängers ist das weite Niedermoor mit Seggen oder Schneidried sowie mit einzelnen Büschen oder höheren Stauden bestanden. In Deutschland gibt es nur noch Restbestände im Nordosten, größere Vorkommen dieser weltweit bedrohten Art befinden sich in Ostpolen.

Mauerläufer ▲

Tichodroma muraria
Familie Mauerläufer

Größer als Haussperling. Dieser Gebirgsvogel hat einen langen und dünnen, gebogenen Schnabel und ist besonders im Flug an seiner prächtig karminroten Flügelfärbung leicht zu erkennen. Sein Gesang besteht aus dünnen, anschwellenden Pfeiftönen, die kurzen Rufe klingen flötend. Lebensraum des Mauerläufers sind steile Felswände von den Tallagen bis in über 3000 m Höhe, im Winter trifft man ihn auch in Steinbrüchen und an hohen Gebäuden an. In den bayerischen Alpen ist er seltener Jahresvogel.

Schwarzstirnwürger ▲

Lanius minor
Familie Würger

Kleiner als eine Amsel. Der Schwarzstirnwürger erinnert an den größeren Raubwürger, jedoch ist er kurzschwänziger, und bei Altvögeln sind Stirn und Scheitel schwarz. Dieser seltene Würger brütet in warmer, offener Landschaft mit einigen höheren Bäumen, gerne in Obstanbaugebieten. Er kommt noch im östlichen Mitteleuropa vor; in Deutschland ist die Art Ende des vorigen Jahrhunderts ausgestorben.

Alpenkrähe ▲

Pyrrhocorax pyrrhocorax
Familie Krähenvögel

Kleiner als Rabenkrähe. In Aussehen und Verhalten erinnert die Alpenkrähe stark an die viel häufigere Alpendohle; sie ist aber etwas größer, der Schnabel ist recht lang, rot gefärbt und gebogen. Die Rufe klingen durchdringend „kwirää“ oder dohlenähnlich „kviarr“: Die Alpenkrähe brütet in Mitteleuropa nur in der Südschweiz in warmen Gebirgsgegenden.

Berghänfling ▲
Carduelis flavirostris
Familie Finkenvögel

Kleiner als ein Haussperling. Im Vergleich zum recht ähnlichen Weibchen des Bluthänflings ist der Berghänfling mehr ingwerbraun gefärbt, die Kehle ist gelblichbraun und wirkt oft hell. Der typische Ruf erinnert an Birkenzeisig – ein nasales „twäit“. Der Berghänfling brütet in steinigen Küstengegenden Skandinaviens und Nordwesteuropas, bei uns erscheinen im Winterhalbjahr Schwärme des kleinen Finken auf Salzwiesen an der Küste. Bei der Nahrungssuche kriechen die Vögel oft wie Mäuse am Boden und sind dann wegen ihres unscheinbaren Gefieders nicht leicht zu entdecken. Sie fliegen meist im dichten Trupp hoch und landen bald wieder.

Spornammer ▲
Calcarius lapponicus
Familie Ammern

Größer als Haussperling. Im Schlichtkleid erinnert die Spornammer an eine weibliche Rohrammer, die jedoch nie das dunkel rostbraune, von weißen Flügelbinden begrenzte Flügelfeld aufweist. Die weichen Rufe klingen wie „djüi“ oder „djü-drrr“. Spornammer brüten in der Tundra und Bergtundra Nordeuropas; im Winterhalbjahr trifft man sie gelegentlich auf küstennahen Salzwiesen Mitteleuropas an.

Ortolan ▲
Emberiza hortulana
Familie Ammern

Größer als Haussperling. Das Männchen hat einen grünlichgrauen Kopf mit hell gelblichem Augenring; Kehle und Bartstreif sind gelb. Das Weibchen ist schlichter gefärbt, Scheitel und Brust sind zart gestrichelt. Die Rufe klingen metallisch: „tslie-ü“ oder „tjü“. Der etwas wehmütige Gesang erinnert an den der Goldammer, die Strophen sind jedoch kürzer. Der Ortolan kommt bei uns lokal und selten in kleinräumigem, möglichst sandigem Kulturland mit Buschgruppen und höheren Bäumen vor; gerne hält er sich auf Rübenanbauflächen auf.

Zaunammer ▲

Emberiza cirlus

Familie Ammern

Etwas größer als Haussperling. Während das Weibchen bis auf den graubraunen (nicht rostbraunen) Bürzel stark an die Goldammer erinnert, ist das Männchen mit seinem kontrastreichen Kopfmuster leicht zu erkennen.

Die Rufe sind dünn und scharf „zit“ oder „sip“. Der monotone, schwirrend, klappernde Gesang ähnelt dem der Goldammer. Die Zaunammer brütet in warmer, offener Landschaft mit Gebüsch und einzelnen Bäumen, gerne in Weinbergen. Bei uns kommt sie nur im äußersten Südwesten vor.

Zippammer ▲

Emberiza cia

Familie Ammern

Größer als Haussperling. Der aschgraue Kopf mit markantem Streifenmuster ist für das Männchen typisch, das Weibchen ist etwas schlichter gefärbt und gemustert. Die kurzen, hohen Rufe, „zipp“ haben zum deutschen Artnamen geführt. An die Heckenbraunelle erinnern die dünnen, schnell vorgetragenen Gesangsstrophen. Zippammern brüten an felsigen, sonnigen Hängen und in Weinbaugebieten. Bei uns ist die Art selten und nur lokal im Südwesten verbreitet.

Literatur

BAUER, H. G. & P. BERTHOLD (1996): Die Brutvögel Mitteleuropas. Bestand und Gefährdung. Aula-Verlag, Wiesbaden.

BEZZEL, E. (1993): Kompendium der Vögel Mitteleuropas, Passeres – Singvögel. Aula Verlag, Wiesbaden.

BEZZEL, E. (1996): Vögel beobachten. BLV-Verlag, München.

BEZZEL, E. (2003): Vogelfedern. Federn heimischer Arten bestimmen. BLV-Verlag, München

GLUTZ VON BLOTZHEIM U. N., K.-M. BAUER & E. BEZZEL (1985-1997): Handbuch der Vögel Mitteleuropas, Singvögel Bd. 10-14. Aula Verlag, Wiesbaden.

GLUTZ VON BLOTZHEIM U. N., K-M BAUER & E. BEZZEL (2001): Handbuch der Vögel Mitteleuropas auf CD-Rom. Vogelzug Verlag im Humanitas Buchversand GmbH, Wiebelsheim

JONSSON, L. (1992): Die Vögel Europas und des Mittelmeerraums. Kosmos, Stuttgart.

LIMBRUNNER, A., E. BEZZEL, K. RICHARZ & D. SINGER (2001): Enzyklopädie der Brutvögel Europas. Kosmos, Stuttgart.

RICHARZ, K., E. BEZZEL & M. HORMANN, Hrsg. (2001): Taschenbuch für Vogelschutz. Aula Verlag, Wiesbaden.

ROCHÉ, J. C. (2000): Die Vogelstimmen Europas auf 4 CDs. Rufe und Gesänge von 396 Vogelarten. Kosmos, Stuttgart.

SINGER, D. (2002): Welcher Vogel ist das? Kosmos, Stuttgart.

SVENSSON, L., P. J. GRANT, K. MULLARNY & D. ZETTERSTRÖM (1999): Der neue Kosmos Vogelführer – Alle Arten Europas, Nordafrikas und Vorderasiens. Kosmos, Stuttgart.

SVENSSON, L., P. J. GRANT, K. MULLARNY & D. ZETTERSTRÖM (2000): Vögel Europas, Nordafrikas und Vorderasiens. Kosmos, Stuttgart.

WASSMANN, R. (1999): Ornithologisches Taschenlexikon. Aula-Verlag, Wiebelsheim

Fachzeitschriften

DER FALKE, Das Journal für Vogelbeobachter. Aula Verlag, Industriepark 3, 56291 Wiebelsheim.

DER FALKE-Taschenkalender für Vogelbeobachter (jedes Jahr neu). Aula-Verlag, Wiebelsheim.

LIMICOLA, Zeitschrift für Feldornithologie. Limicola Verlag, Über dem Salzgraben 11, 37574 Einbeck-Drüber.

Wichtige Adressen

Naturschutzbund Deutschland e.V. (NABU), Herbert-Rabius-Straße 26, 53225 Bonn

Landesbund für Vogelschutz in Bayern e.V. Eisvogelweg 1, 91161 Hilpoltstein

Gesellschaft für Naturschutz und Ornithologie Rheinland-Pfalz e.V.
Osteinstr. 7–9, 55118 Mainz

Hessische Gesellschaft für Ornithologie und Naturschutz e.V.
Lindenstr. 5, 61209 Echzell

Ornithologischer Beobachterring Saar
Günter Nicklaus, Almendstr. 30
66399 Mandelbachtal

Ornithologische Gesellschaft in Bayern, Manfred Siering,
Gereutplatz 1, 82031 München

Verein Jordsand zum Schutze der Seevögel und der Natur e.V.
Bornkampsweg 35
22926 Ahrensburg

Verein Sächsischer Ornithologen
Postfach 29
09331 Hohenstein-Ernstthal

Verein Thüringer Ornithologen e.V.
H. Grimm, Große Arche 14
99084 Erfurt

Institut für Vogelforschung „Vogelwarte Helgoland", An der Vogelwarte 21
26386 Wilhelmshaven-Rüstersiel

Vogelwarte Hiddensee, Zum Hochland 17, 18565 Kloster, Hiddensee

Vogelwarte Radolfzell
Schloßallee 2, 78315 Radolfzell

Ala, Schweizerische Gesellschaft für Vogelkunde und Vogelschutz
Werner Holliger, Breitestr. 22
CH-5015 Niederlinsbach

Birdlife Österreich, Gesellschaft für Vogelkunde
c/o Naturhistorisches Museum
Museumsplatz 1/10/8, A-1070 Wien

Schweizer Vogelschutz (SVS)
Wiedingstr. 78, Postfach
CH-8036 Zürich

Register

Die **fett**gedruckten Ziffern geben die Nummern der Vogelstimmen auf der CD an.

Bildnachweis

Adam 113 u, 114 u, **Angermayer/Schmidt** 64 u, 77 u, **Angermayer/Wendl** 99 u, **Bethge** 119 u; **Bracht** 76 u; **Brandl** 20 o, 64 o, 69 u, 93 u; **Buchner** E 61 u; **Castell** 51 u, 56 u, 118 u; **Danegger** 46 o, 76 o, 81 o, 106 o; **Delpho** 32 u; **Diedrich** 26 u, 42 o, 48 o, 54 o, 65 o, 90 o, 92 o, 101 o; **Eichhorn/Zingel** 118 o; **Fendrich** 53 u; **Fischer** 67 u; **Fünfstück** 25 u, 85 u; **Fürst** 87 o, 98 o, 101 u; **Fürst/Stahl** 21 o, 33, o, 79 o; **Gillieron** 68 u; **Groß** 41 o, 41 u; **Grüner** 82 u, 121 u; **Hecker** 59 u, 62 u. 119 u; **Hlasek** 111 u; **Höfer** 54 u, 63 u, 71 o, 75 u, 98 u, 103 o, 104 u, 106 u; **Hopf** 79 u; **Hortig** 38 u, 49 u, 105 u; **Humperdinck** 35 o; **Hüttenmoser** 121 M; **Juniors/Rüttinghaus** 80 u; **Juniors/Thielscher** 44 u; **Kalotas** 120 u; **Klees** 28 o, 30 u, 33 u, 34 o, 34 u, 36 u, 70 u, 77 o, 94 o; **Layer** 36 o, 53 o, 78 o, 96 o; **Leo** 28 u, 96 u; **Limbrunner** 23 u, 24 o, 27 o, 31 o, 32 o, 35 u, 39 u, 49 o, 52 u, 57 o, 59 o, 74 u, 84 u, 87 u, 89 o, 93 o, 95 o, 97 u, 122u, 123 o; **Moosrainer** 22 u, 43 u, 44 o, 45 u, 58 u, 61 o, 63 o, 85 o; **Partsch** 102 o, 117 u; **Pott** 83 u; **Pröhl** 81 u; **Quedens** 72 o; **Reinhard** 122 M; **Rohdich** 23 o, 83 o; **Schmidt** 31 u, 45 o, 58 o, 62 o, 66 u, 120 o; **Siegel** 107 u; **Silvestris** 43 o; **Silvestris/Arndt** 88 o; **Silvestris/Gerlach** 50 o; **Silvestris/Groß** 109 u; **Silvestris/Lane** 51 o; **Silvestris/Willner** 30 o; **Thielscher** 42 u, 48 u, 60 u, 88 u; **Vogt** 100 u, 108 u; **Walz** 22 o, 116 o; **Weber** 25 o; **Wendl** 38 o, 47 u, 72 u, 80 o, 97 o104 o, 105 o, 107 o, 108 o, 112 o; **Werle** 50 u; **Wernicke** 115 o; **Wisniewski** 115 u; **Wothe** 20 u, 27 u, 46 u, 56 u, 66 o, 67 o, 68 o, 73 u, 90 u, 91 u, 92 u, 95 u, 117 o, 119 u. 120 o, 122 o; **Zeininger** 2/3, 19, 21 u, 24 u, 26 o, 29 o, 29 u, 37 o, 39 o, 40 o, 40 u, 47 o, 52 o, 55 o, 55 u, 57 u, 60 o, 65 u, 69 o, 71 u, 73 o, 74 o, 75 o, 78 u, 79 o, 82 o, 84 o, 86 u, 89 u, 91 o, 94 u, 99 o, 100 o, 102 u, 103 u, 109 o, 110 o, 110 u, 111 o, 112 u, 113 o, 114 o, 116 u, 121 o, 123 M

Der Vogelschnabel als „Werkzeug“ am Beispiel einiger Singvögel

Kernbeißer (S. 114):
Kurz und sehr kräftig zum Samenknacken

Gartenbaumläufer (S. 84):
Lang und gekrümmt zum Herausstochern von Insekten aus der Baumrinde

Bachstelze (S. 30):
Lang und schlank zum Ergreifen zarter Insekten

Fichtenkreuzschnabel (S. 112):
Kräftig und mit gekreuzten Spitzen zum Spalten der Zapfenschuppen und Herausholen der Samen

Kleiber (S. 83):
Meißelförmig zum Bearbeiten der Baumrinde und Aufhämmern von Samen

Neuntöter (S. 88):
Hakenschnabel zum Ergreifen, Festhalten und Zerteilen von Insekten und kleinen Wirbeltieren

Buchfink (S. 102):
Kegelförmig, aber relativ schlank, zum Knacken von Samen, aber auch zum Ergreifen von Insekten

Rauchschwalbe (S. 24):
Schlank, kurz und mit breiter Basis für die Insektenjagd in der Luft

Vögel bis Amselgröße

Steinschmätzer
Fam. Drosseln
S. 44
Hausrotschwanz
Fam. Drosseln
S. 40, 41
Rotkehlchen
Fam. Drosseln
S. 36
Blaumeise
Fam. Meisen
S. 76–81
Beutelmeise
Fam. Beutelmeisen
S. 82
Blaukehlchen
Fam. Drosseln
S. 37
Schwanzmeise
Fam. Schwanzmeisen
S. 75
Haussperling
Fam. Sperlinge
S. 99–101
Kleiber
Fam. Kleiber
S. 83
Baumläufer
Fam. Baumläufer
S. 84, 85
Erlenzeisig
Fam. Finkenvögel
S. 108, 109
Zaunkönig
Fam. Zaunkönige
S. 33
Buchfink
Fam. Finkenvögel
S. 102, 103, 106